U0179083

虫子的江湖

高东生 著

甘肃科学技术出版社

图书在版编目（CIP）数据

虫子的江湖 / 高东生著. -- 2版. -- 兰州 : 甘肃科学技术出版社，2020.11
ISBN 978-7-5424-2530-0

Ⅰ. ①虫… Ⅱ. ①高… Ⅲ. ①昆虫－普及读物 Ⅳ. ①Q96-49

中国版本图书馆CIP数据核字(2020)第210908号

虫子的江湖（第二版）
高东生 著

项目团队 星图说
项目策划 宋学娟 韩 波
责任编辑 韩 波
装帧设计 大雅文化

出 版 甘肃科学技术出版社
社 址 兰州市读者大道 568 号 730030
网 址 www.gskejipress.com
电 话 0931–8125103（编辑部） 0931–8773237（发行部）
京东官方旗舰店 http://mall.jd.com/index–655807.html

发 行 甘肃科学技术出版社
印 刷 上海雅昌艺术印刷有限公司
开 本 787 毫米 ×1092 毫米 1/32 印 张 7 字 数 160 千
版 次 2021 年 1 月第 1 版
印 次 2021 年 1 月第 1 次印刷
印 数 1~5000
书 号 ISBN 978–7–5424–2530–0 定 价 48.00 元

虫在江湖，有它们自己遵守的法则

目　录
Contents

虫子的江湖

陶里也有春天 小罐

我喜欢老祖宗的纪年方式，既是智慧，又有诗意。有的节气就像节日，就像一首诗，例如惊蛰。简单的两个字组合在一起，就引发人无限的想象：一声春雷，就是大地的闹钟，无数沉睡的生灵被唤醒，打个哈欠，伸伸懒腰，揉一揉惺忪的睡眼，不约而同地拉开窗帘，让温暖的阳光照进每一个幽冷的角落。

“微雨众卉新，一雷惊蛰始。”这个节气，天气依然有些湿冷，但金黄的迎春花还是一串串地开了，玉兰开了，茶花也开了，海棠的花骨朵开始饱胀，窗前的一盆天门冬呼啦一下像韭菜一样冒出了一层整齐的芽儿，梅花自然也开了，还引来了蜜蜂嘤嘤嗡嗡……这就是惊蛰，它让一切生灵醒来，开始活动。作家鲍尔吉·原野说：“节气的命名非在描述，而如预言，像中医的脉

象，透过一个征候说出另一件事情的到来。”

这么美好的日子，总让人想沉浸其中，看看，闻闻，听听，一切都和前一分钟不一样，即使发现不了什么，在春风中坐坐也是享受。梅园里，我端着相机寻觅中意的花朵，竟然发现细小的枝条上有一只微型的“陶罐”！它让我惊叹：不仅造型规整，口沿平齐，而且上面还有古朴的花纹，简直就是一件完美的工艺品！多么聪慧的小虫子，它是经过多少年的进化才有了这样的本事？

慢慢搜寻，又发现了相似的几只。仔细端详后，我心生疑惑：为什么罐口朝上呢？若被一颗大

雨滴命中的话，里面岂不成了一片汪洋？后来我又看到两颗全封闭的，才豁然明白，这大概是去年的，是虫子离开后的空巢，完整的就如一枚微型鸟蛋。

后来才知道，原来它们是让人毛骨悚然的“螅儿”的卵。幼虫像毛毛虫，人的皮肤碰到之后如同被玻璃纤维扎过，也像抹上了很刺激的辣椒水。“螅儿”是老家的人对它有音没字的称呼，它的学名叫褐边绿刺蛾，北京人叫洋辣子——别说触摸，就是看一眼都会心惊肉跳。

知道了精美的“小陶罐”是洋辣子的杰作之后，我便不那么怕它们了，甚至心怀崇敬之意。想想，一只肉虫，既没铠甲盾牌，又没尖牙利齿，在弱肉强食的自然界，它们靠什么生存？现在我知道了答案：一身利刺。它们不会主动攻击，只是一种警告而已：离我远点儿，别打我的主意。

深秋的时候，我在芬芳的桂花树上看到了美丽的洋辣子。真的漂亮，身上有鲜艳的花纹，尖刺细密而整齐地排列着，就像一株微型的多肉植物——仙人指。不，比仙人指漂亮多了，你看它的头上，最高处的两丛刺尖端是橘红色的，那正是女孩子扎蝴蝶结的位置。我还拍了一张它的正面照，放大之后看，竟然威风凛凛，像极了雄狮。你相信那个像陶罐一样的艺术品就是它制作的吗？这真让人感叹：猛虎也会细嗅蔷薇啊！

美国生物学家托马斯·艾斯纳有一本书，名字是《眷恋昆虫》。我是怀着好奇买来的，因为那本书的副标题是“写给爱虫或怕虫的人”。看完之后，我才理解了他对昆虫的情感。几乎每一种昆虫都身怀绝技，你知道了，就会心生敬意，甚至禁不住发出惊叹。而保持住你的好奇心，你就能走进另一个陌生而精彩的世界。我想起了霍尔姆斯·罗尔斯顿在《哲学走向荒野》中说过的话：“毁灭物种就像从一本尚未读过的书中撕掉一些书页，而这是用一种人类很难读懂的语言写成的关于人类生存之地的书……让一个物种灭绝就是终止一个独一无二的故事。”我以为，他们才是真正懂得保护物种意义的人。于是，又禁不住瞎想，假如让我给孩子们作一场关于爱护动物的科普讲座，我就把报告的题目暂定为“爱护动物——从一只小陶罐说起”。

那么，这些如小陶罐一样的虫卵会向我们讲述怎样独一无二的故事呢？我听不懂。但我知道，惊蛰到了，在我们不能透视的罐里，也许褐边绿刺蛾已经醒来，换上五彩的衣裙，准备迎接盛大的春天了。

微雨众卉新，
一雷惊蛰始。

> About

托马斯·艾斯纳（Thomas Eisner）

艾斯纳1929年出生在德国柏林，父亲是一位化学家，1947年举家移居到了美国。为了熟悉美国的地理和昆虫，23岁的艾斯纳曾怀揣200美元，与朋友一起开着一部老爷车环绕了48个州。过后朋友风趣地回忆，那次旅行中印象最深的是“一周内老爷车坏掉的次数可创国内纪录”。

由于家庭的关系，艾斯纳对化学有着天生的敏锐性。当他爱上生物学特别是昆虫后，他一直想把生物学与化学结合起来，探索昆虫取食、防御等行为的本质，即是什么化学物质在这些行为中起作用。正是由于对昆虫的“眷恋”，他最终在昆虫学中独辟蹊径，开创了化学生态学（研究绝大多数的生物——植物、无脊椎动物和微生物如何用化学的方法来定位、交流、征服猎物和保护自己）这一分支，是这一学科的先驱者之一，也被誉为“化学生态学之父”。

年轻时的艾斯纳就养成了带着探究的目的散步的习惯，只要有时间他都会尽可能多地散步，纯粹是为了“偷听”自然。

同时，他还是一位优秀的摄影家，他拍摄的电影《秘密武器》（1989年出品，与BBC合作）荣获纽约电影节大奖，并被英国科学促进协会评为“最佳科学电影”。

托马斯·艾斯纳因帕金森病并发症于2011年3月25日不幸逝世，享年81岁。

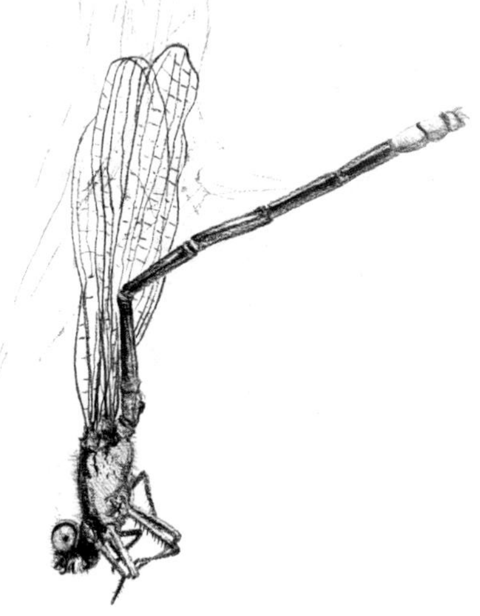

虫子的江湖

昆虫世界的杀戮无处不在，只是有些如我们吃鱼吃肉，早就习以为常，有些发生在我们并不关注的角落，如屋檐的蜘蛛，天天织网捕食。

自然界的食物链等级森严。我喜欢去树丛里、草地上看它们的争斗乃至杀戮，这是大自然的剧目，不收门票。有时候，很微小的地方，竟然也惊心动魄。杀手们都有自己的智慧和耐心，让人佩服。

最典型的是蜘蛛，无论个头大小，都让人感到恐惧。我曾在一处法国冬青植成的绿墙边观察，发现有一种蜘蛛几乎占领了那一大片领地。它们织一张稀疏的网，然后再织一个细密的窝，窝前还有一个织成的平台。我看到差不多所有的蜘蛛都守在洞口，静静地等待着昆虫的飞临。有的平台前还扔着很多昆虫的残翅断腿，那是它吃剩的食物残渣。

我曾看到一只黄绿条纹的小蜘蛛很诗意，它

把一片草叶卷曲，然后结网，自己躲在叶子的背面守株待兔。那天，它真的就捕捉到了一只豆娘，够它饱餐一顿。我看着那如拱门形状的草叶，心想：这真是一道鬼门关啊！

周日的早晨，风较大，没发现什么昆虫，对焦也困难。失望的时候，却看到水边的草丛中，一只蜻蜓静止不动，走近一些，看到了它奇怪的姿势，再走近，原来它被一只蜘蛛捉住了，小蜘蛛正往它身体里注射毒液。蜻蜓也是杀手，飞行本领十分高超，但它还是要停下来。蜘蛛没有翅膀，有的甚至不结网，但它们都有足够的耐心等待猎物犯下疏忽的错误。虽然我同情弱者，但我没有帮助蜻蜓，这对蜘蛛不公。也许蜘蛛已经饥肠辘辘了好长时间，也许，水杉树干的缝隙中，还有一帮嗷嗷待哺的小蜘蛛。其实蜻蜓也是杀手，我也看到过它捕食豆娘的情景，迅猛异常。你放大它的头部看，口器有利刃，前腿有尖刀。虫在江湖，就要遵循江湖的法则。强者有尖钩利刺肌肉拳头，而弱者只能靠一小招独门绝技生存。这就是江湖的公理，是千万年自然形成的，大家严格遵守，从不践踏。

虫在江湖，有它们自己遵守的法则。人不去管那些昆虫，它们活得好好的。

有把钳子好打架

大象的鼻子那么长，那么有力又灵活，太奇特了。

长颈鹿，脖子那么长，能轻易地吃到树冠上的叶子。它有高血压吗？喝水方便吗？太奇特了。

啄木鸟，在枯木上连续用力敲击，也不得脑震荡，太神奇了。

鳄鱼的牙，掉了还会再长；信鸽能千里传书……太神奇了。

我稍微一想，就能想到这么多神奇的动物。然而，它们比起小小的昆虫来，就是小巫见大巫了，比如锹甲。

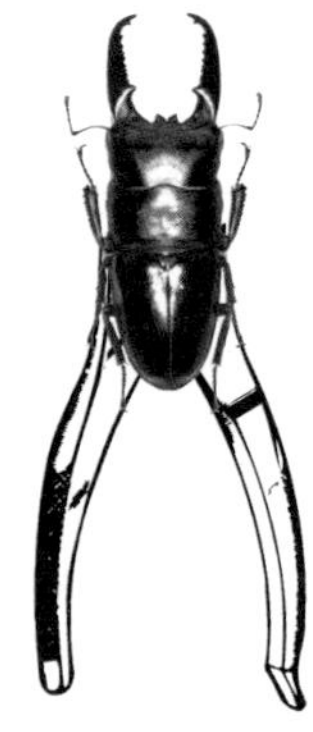

我也是第一次拍到，在南京玄武湖边一棵柳树上。先是看到一只金龟子从树上飞走，以为树干上有它们的巢穴，走近一看，树皮的缝隙里露出一把黑色的大钳子，我在书上见过，是锹甲。怕它逃走，或者缩回洞穴，便赶紧拍了两张。然后找了一根小树枝，逗它，它上当了，还真出来了。傻乎乎

的，光知道使用蛮力。到了合适的高度，我拍了好多张。

纯黑的颜色，表面像皮革的质地，一把钳子晃来晃去，孔武有力，目空一切的架势。我曾经想把手指放在它身边做一个大小的参照，但它的钳子迅速转过来，这要被它钳住，估计很难掰开，于是作罢。后来查资料，知道原来这把大钳子和螃蟹的不同，不是它的螯，而是

它的上颚！上颚？对！你口里长上牙的那一块。为了打架的需要，它的上颚越来越发达，便长成了现在的钳子，但不用来捕食，我也细看了看，合不拢，捕食并不方便。它是专门用来对付情敌的，那个宽度，恰好能钳住情敌的胸部，要是在树上，钳住了，用力一甩，跌下树去，成功。我看它六条腿的尖端，都是利刺，抓牢粗糙的树皮，轻而易举。触须不长，在眼睛两侧，钳子后面，显然是次要地位，像是微不足道了。眼睛，我看不见瞳孔，也不明亮，跟它的皮肤差不多，亚光的。好像也不用看什么了，这个样子，有什么好看的，怕谁呢，天不怕地不怕，一把钳子走江湖。

只为了一项功能而专门不断进化，它们真执着啊。在昆虫界，还有很多这样的例子，相比之下，黑种人白种人，只不过换了个颜色而已；我们的服装，也不过是一块布剪剪缝缝而已，与我们的皮肤和生命没有根本的联系。

人，太死板了，没有创意，连模仿都不像。

昆虫的世界，到处都是传奇，到处都是惊喜。在那里转一圈儿，马上就照见了我的庸常。

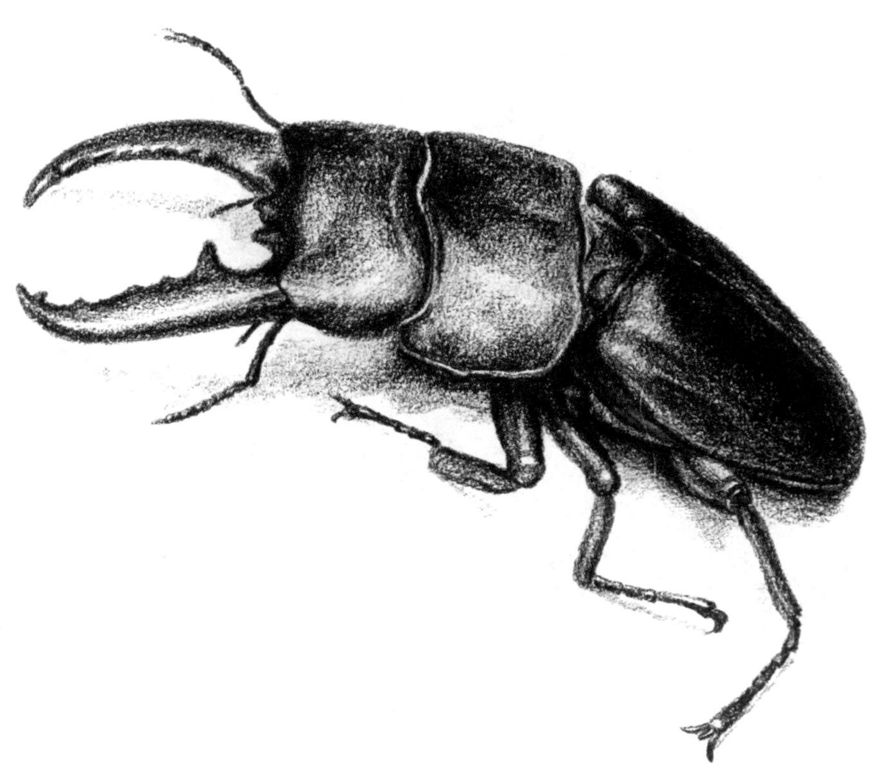

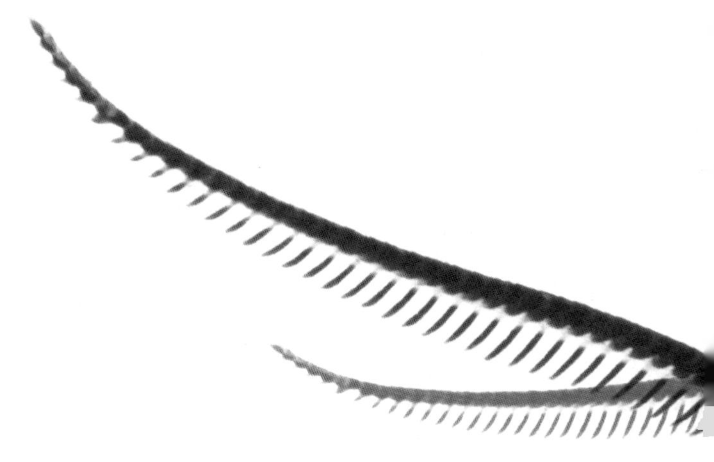

蛾眉

知道蛾眉，最早是在古代小说中。记得上面形容女子化妆，常用八个字："薄施脂粉，淡扫蛾眉"。只是我不知道，到底多漂亮的眉毛才能被称为"蛾眉"。

后来读唐诗宋词，也时常看到有关"蛾眉"的句子，如"蛾眉罢扫月仍新""懒起画蛾眉"等等。有一次较起真儿来，就翻开了词典，上面解释道：蚕蛾的触须，弯曲而细长，如人的眉毛，故以此比喻女子长而美的眉毛。但我还是没有完全明白，因为触须"弯曲而细长"的昆虫多的是，如螽斯、天牛之类，为什么非要拿蛾子的触须来比呢？

我不喜欢拍蛾子，比起蝴蝶来，它们显得蠢笨而土气。前两天，只是因为老实、安静，我才把一只重阳木斑蛾作为拍摄对象。两对翅膀略微分开，像披着一件黑色的斗篷；头部能看到间杂的红色，侧着看腹部也是两色，红黑条纹——还挺上相的。见它一动不动，我得寸进尺，继续挪近镜头。当遮光罩快要接触到它身体的时候，我看清了它的触须并不只是

两条长而弯的细线，还有很细的排列得精致而整齐的茸毛，好像精心描过的眉毛啊！我心中一动：这就是古人用来比喻女子秀眉，也用来代称美女的“蛾眉”了！

没错，古人一定是仔细观察之后才这样使用的。因为我们的祖先那时事儿少，有的一辈子只踏踏实实地干一件事，如写诗，如画画，如做木匠、铁匠，如耕田、纺织。不似现在，眼观

六路，耳听八方，开着车打手机，看着电视吃饼干蘸牛奶电脑还上着网……似乎很充实，其实，自己都不知道自己在干什么。就这样，古人细致入微的发现，却被我们做注释的今人忽略了，亿万年才进化出的美丽的触须，岂是简单的“弯曲而细长”能够形容的？

葡萄牙作家若泽·萨拉马戈在《失明症漫记》中有这样一句话：“如果你能看，就要看见；如果你能看见，就要仔细观察。”我们的眼睁着，却对眼前的很多东西视而不见。

以前我拍“冷烛无烟绿蜡干”的芭蕉，发现了上面那根黑色的“烛芯”。那天，我在摄影手记中激动地写道：“我发现了一首唐诗！或许有一天，你也会发现这首唐诗。”

今天我更确定，还有很多古人看见了而我还没有看到的东西等着我去发现。

去拍吧，我对自己说。

凤眼，春梦，雨中愁，无限恨，夜半钟声，霓裳羽衣……

我相信总有一天，我能拍到它们。

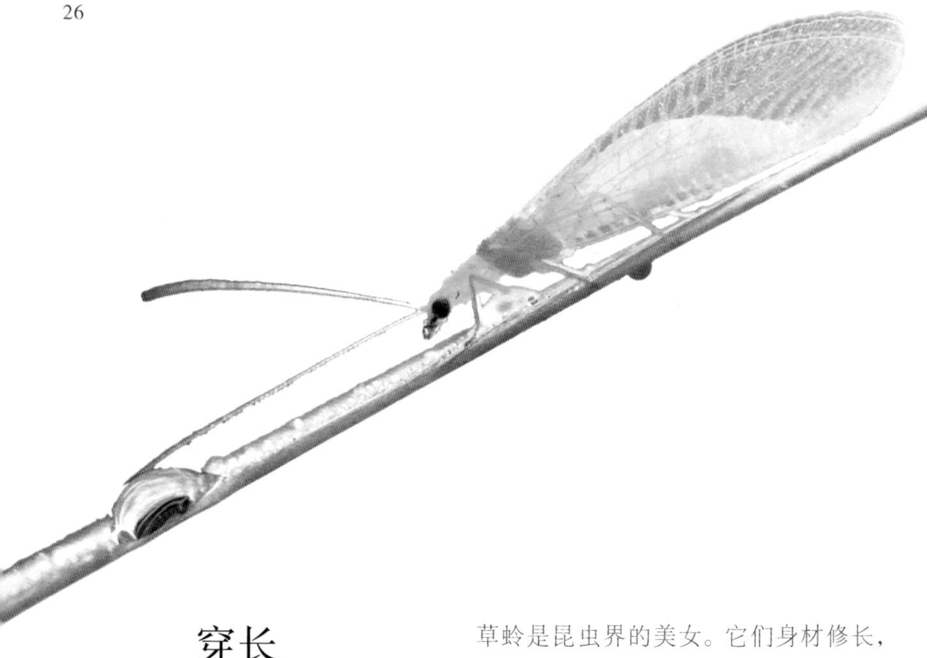

穿长裙的草蛉

草蛉是昆虫界的美女。它们身材修长，眼睛大而亮，一年四季都穿着曳地的纱裙。

草蛉是隐身的高手，试想，这一身翠绿，还有几乎透明的翅膀，要是落在草丛中，那就太考验人的眼力了。

我在野外很少看到它们，倒是在深秋的时候，经常在单位走廊的天花板上看到。大概是天冷了，它们急于找到一处御寒的角落，慌不择路，有些便跑到了这里，是因为白墙的背景我才轻易发现了它们，但天花板上并不温暖。

像猫狗、牛羊和鸟类，它们秋后都会换一身新鲜保暖的皮毛，但草蛉不会。想想，在霜降时令，依然穿纱裙，着实让人怜惜和担忧。我不知道再过些日子，它们是躲到一处温暖的地方过冬，还是就此结束这短暂的一生。

早春的一天，我看到一株结香开花了，散发着香气，两只蜜蜂在嘤嘤嗡嗡地忙活。我蹲下来对准花瓣调焦的时候，看到了两根轻轻晃动的触须，原来是一只草蛉！衣裙已经是土灰色，肯定经历了日晒风吹、雨打霜摧，一身翠绿鲜亮的衣裙如此暗淡。但它活过了严冬，仅凭借着一条纱裙——它不娇弱！它的身体也很暗淡，但眼睛依然炯炯有神，触须灵活地动来动去，似乎在找寻最早的花蜜来补充体力。

我曾在夏初，在一根结荚的油菜秆上看到了草蛉的卵。当时我对草蛉还一无所知，以为是什

么菌类，那头发般粗细的白色丝线，顶端有一粒粒比白芝麻还小的卵。我猜不出它是怎么产的，是先分泌一根丝线，一端固定在油菜秆上，再趁着没凝固的时候，在另一端产下一枚卵？还是卵本身带着黏液，产到秆上的时候就能粘住，再利用重力自动下落，拉出丝线，当黏液用完的时候，卵就停在顶端？

不管怎样，都很难，是细致活儿，是经过多少万年进化最终留下来的智慧。后来看到一本书上说，之所以这样，是为了防止蚂蚁偷吃。而更让我惊讶的是，有一种草蛉，竟然还能在那根细丝线上放上几滴细小的“露珠”。生物学家分析发现，那是它们的保护剂，是一种毒素，蚂蚁休想爬上去偷吃。

当你爱上昆虫，你就和大多数生命站到了一起。

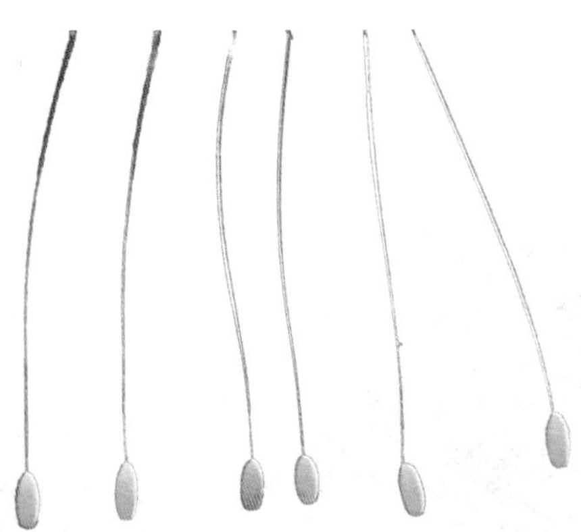

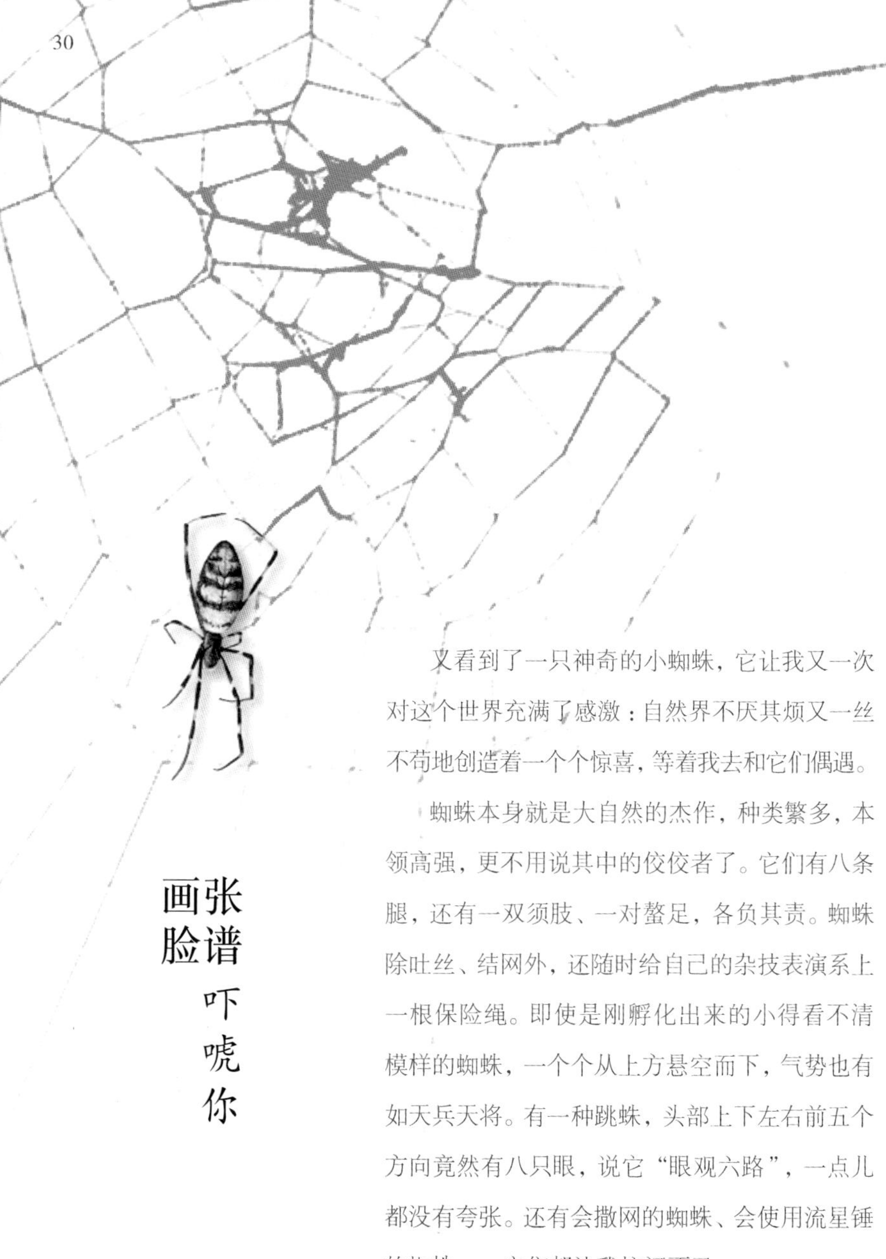

画张脸谱吓唬你

又看到了一只神奇的小蜘蛛，它让我又一次对这个世界充满了感激：自然界不厌其烦又一丝不苟地创造着一个个惊喜，等着我去和它们偶遇。

蜘蛛本身就是大自然的杰作，种类繁多，本领高强，更不用说其中的佼佼者了。它们有八条腿，还有一双须肢、一对螯足，各负其责。蜘蛛除吐丝、结网外，还随时给自己的杂技表演系上一根保险绳。即使是刚孵化出来的小得看不清模样的蜘蛛，一个个从上方悬空而下，气势也有如天兵天将。有一种跳蛛，头部上下左右前五个方向竟然有八只眼，说它“眼观六路”，一点儿都没有夸张。还有会撒网的蜘蛛、会使用流星锤的蜘蛛……它们都让我惊讶不已。

这只小蜘蛛，我称之为“京剧脸谱蜘蛛”。额头勾抹得十分复杂而华丽，鼻子两翼是黑色

的，像小丑的装扮，嘴巴嘟着，致使有络腮胡子的两腮鼓起，圆圆的，像卖萌。

之前也在网上看到过脸谱蜘蛛的图片，只是大致相似而已，不精致，所谓的“脸谱”更多的是拍摄者加上想象之后的描绘，和我拍到的这只比起来那简直天上地下。

当我一个人面对它的时候，满脑子都是解不开的疑惑：它为什么要把自己的背部进化成脸谱？难道多少年前，它的祖先在草丛里、在树杈间、在屋檐下曾经看过人类的京剧演出，并且悟出了勾上脸谱更让人害怕的道理？

我看到过食蚜蝇模仿马蜂的黑黄条纹，以示自己很厉害；蚁蛛从各方面看都神似蚂蚁，目的是混迹蚂蚁之中，随时享用美餐；枯叶蝶的拟态、变色龙身体颜色的快速改变等，是为了隐身，也都是在生存的逼迫下练就的本领。

唯有模仿人脸，让我心惊胆战。莫非不足指甲盖大小的蜘蛛，也知道人类高居食物链的顶端，他们已经没有了天敌，所有的动物都怕人？蜘蛛的这一家族看透了这一点，明白模仿什么动物都不如模仿人更能防身，于是把脸谱画在背上，子孙万代地传递下去。

这是智慧还是偶然？我焦急地等待着有人给我答案。悲观之后我又安慰自己，我们人类还没有那么恶毒阴险，小蜘蛛也没有进化出超越人类的大脑。也许这是一出在灌木丛某个小角落上演的微型京剧，这只小蜘蛛分到了一个重要角色，扮演花脸。

只是，它发出的是超声波，是唱给树木听的，树叶哗哗鼓掌，感谢名角的倾情演出。此时的我近乎失聪，已经倾心侧耳了，却依然听不到一丝京剧的声响。

Heng Xing

横 行

触须

春末的野外，在一朵花上，我看到了杆蟋螽的身影。杆蟋螽身材娇小，引人注目的是它的触须，超过它身长的 3 倍。这一定是它引以为傲的部分，如大象的牙、犀牛的角。发丝一样柔长的触须肯定不能当作武器，很可能代替鼻子和眼睛来接收一些外界的信号。白天有光，那晚上呢？在洞里呢？如同蚂蚁，没有蜡烛、电灯一类的照明设备，只好发展自己的嗅觉和触觉。

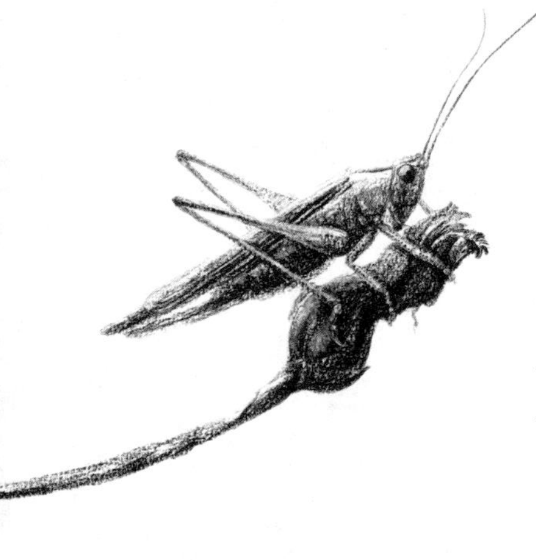

长长的触须肯定要占些优势，如及早感知路况，发现敌情。但是，我看到的一只纯绿色如翡翠般的小蝗虫，它的触须不长，却是红色的，一节一节的。要是只为实用的话，这么漂亮岂不是极大的浪费？

在蝽科当中，有一种蝽叫斑须蝽。我

zhōng
螽

在白洋淀边拍到了，正如它的名字一样，它的触须黑白相间，引人注目。

也许是爱情的需要，这也算触须另一方面的实用价值吧。那么，为了爱，可以付出生命的代价吗？因为在绿草中，这太容易暴露目标了。

这么微小的昆虫，在生存进化的道路上依然一丝不苟，没有一点偷工减料的懒惰，人类实在没有多少理由自恋。

我们常在高山大海面前感到自己的渺小，却很少有人在精致的昆虫面前产生自感粗陋的羞愧。也许是眼睛的粗疏，也许是内心的慵懒，似乎那是另外一个多余的世界，与我们无关。

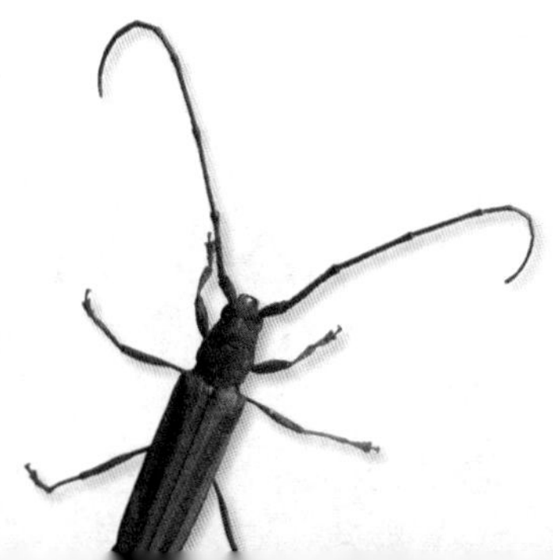

姬蜂悬茧

这粒“小花生”是我在梁丰生态园西侧拍到的，斜着的一根是水草，在水面匍匐而生。这一根爬到了岸边，依傍着一棵小灌木直立而上。背景是草地。

一根丝线挂着的这粒“小花生”，我猜是一个小蚕茧，因为我在旁边还看到了两只很小的蛾子，翅色暗淡，浅浅的花纹隐约闪着光，如古旧的丝绸。

从和草秆的对比来看，它比一粒白米大不了多少。这就更让我惊奇，就如我小时候第一次看见机械手表内部齿轮时的感受。

我养过蚕，看到过它们吐丝，以及最后结出的白色的茧，那已经是奇迹了。那两天，我痴迷地看着圆墩墩的蚕，它选好一个可以挂住丝线的三角位置，先拉几根线搭好架子，而后就开始了认真而又辛劳的“作茧自缚”。它的头部时而抬高，时而垂下，并不停地左右摇摆。当茧的一头织好后，它再转过来织另一头。时间不长，我就看不清裹在丝中的蚕了，但茧还在轻轻地动，我知道它依然在为自己的目标忙碌，昼夜不停，好像在完成一件非常重要的、一刻也不能耽搁的人生大事。

而这只小虫，还把茧的中间收腰，表面有纹理，还有图案，两列黑点整齐排列，上下环绕。和那根丝线相连的一端，黑色的图案很像花托。我实在想不明白，它已经

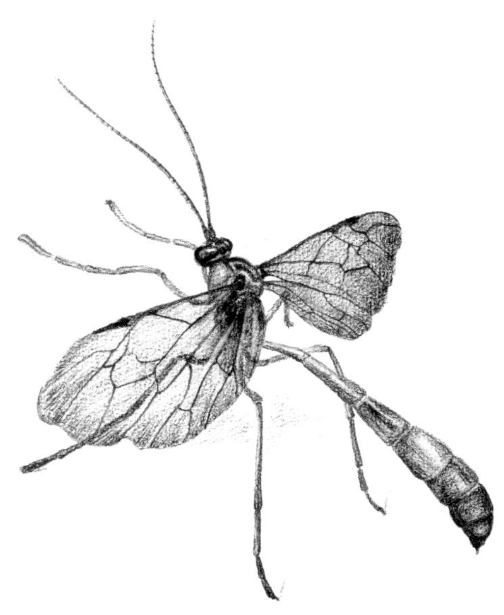

被茧缚在里面了，又如何绘染这美丽的图案呢？或是边吐丝边染色，分毫不差。也许，它的口器是蝉一样的刺吸式，织成了茧，又小心地刺破丝毡，吐出一点早已准备好的墨汁，以便使自己的摇篮更迷彩，确保自己平安地破茧羽化。从这个成品来看，小虫子不仅心思缜密，而且是一位真正的工艺大师。

小蚕茧悬在空中，随风摇摆，我猜想里面的蛹肯定舒适惬意，如荡秋千。

每当这个时候，我总会想到上帝，或者叫造物主。不然，眼前的一切将使我一直迷乱下去。只能是上帝费尽心思造出了这样的精品，并告诉它们遗传的密码，使它们一代一代，谨守秩序，延续传奇。

人类已经积累了几千年的文明，但也只是了解世界的那么一点点，未知的世界广阔无垠。有人说，一只昆虫比宇宙更复

> About

螟蛉悬茧姬蜂

姬蜂的产卵器很长，是一根细细的管子，从它的屁股后面伸出来。姬蜂用产卵器在树干上扎洞，寻觅藏在木头里的甲虫。逮住甲虫后，它会在猎物身上产卵，如果猎物试图逃跑，姬蜂会注射液体将它暂时麻醉。幼虫破壳而出后，甲虫就成了幼虫的食物。

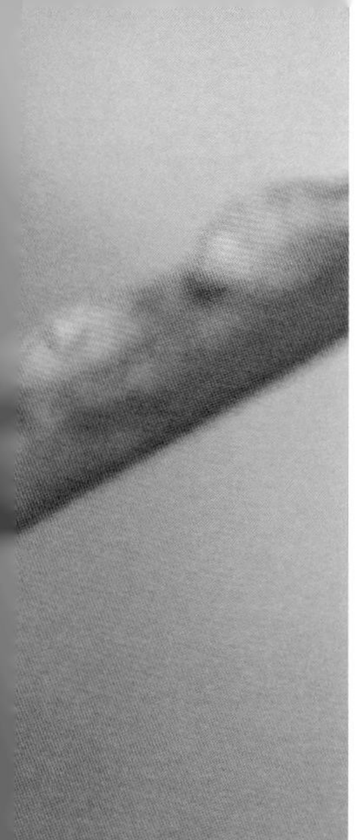

杂，我深信不疑。而且，地球上现在已经发现并定名的昆虫就有150万种，它们的进化史有的亿年都不止。每当想起这些，我总觉得人类在自然面前怎么谦虚都不算过分。只是，很让人担心，有些物种我们还没发现就已经消失了，而且很可能还是因为我们人类无意识的行为。

秋天的时候，在我发现小蚕茧的地方，开始修建一个酒店。推土机、挖掘机、搅拌机、钢筋水泥，甚至人的鞋底，都会轻易把这只小蚕茧踩入泥土，使它永远消失。

还好，第二年夏天，我又在湿地公园发现了一只一模一样的小蚕茧。那个早晨，我蹲在它的面前，久久没有离开。我内心激动，有如和老友久别重逢。原来，它并没有从这个世界上消失，它有智慧躲避人类的粗暴。但是，不久，在离它不远的地方又开始修建别墅了。

今年夏天，我又在暨阳湖边看到了小蚕茧的身影。这次，我只有担心，没有激动。我看看周围，风景优美，地段不错，似乎到处都可以盖房子出售，大概开发商常常就是这个视角。有一刹那，我甚至想带一些人来看看我的发现，例如规划局的官员、土地局的领导，还有那些房地产大鳄。我天真地想，这只小蚕茧也许能打动他们。

一天，我闲来翻书，随意翻到一页，竟然就是这种小蚕茧的一张照片，看下面的文字才知道，制造它的不是蚕，而是蜂，学名叫“螟蛉悬茧姬蜂”，这只茧是它的幼虫创造的。上面说它“茧长6毫米，直径3毫米，质厚，圆筒形，两端略钝圆，灰色，上下有并列的黑色斑点，略似灯笼状”，没错，就是它。成虫的图片，其实我见过，那种蜂的腰细极了，像要随时断开，给人的印象很深。

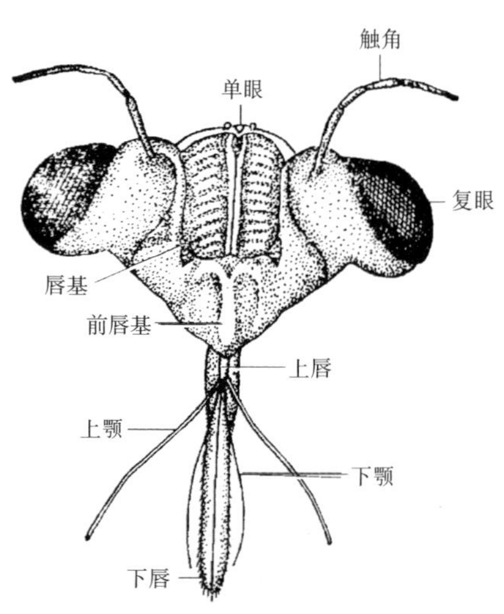

看多了这样的奇景，我再到野外的时候总小心翼翼，蹑手蹑脚，我总想：也许，在我看不见的地方还有更神奇的生物，我不能踩坏它们，也最好不惊动它们，我只看看就走。

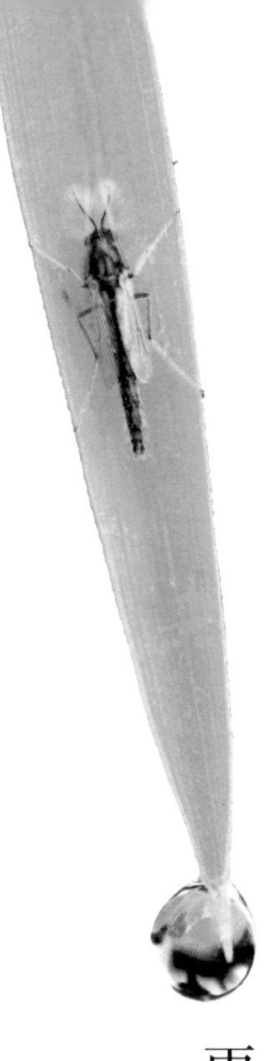

雨后

雨后的花木和昆虫都会变一副模样，让人惊喜。

到处湿漉漉的，到处如钻石般闪亮。植物肯定喜欢，却不知昆虫在雨中有何感受。它们大多还没有学会自己建造房屋，只能躲在叶子底下或树洞等地方避雨。雨滴对人类来说不过泪滴般大小，但对小昆虫来说则与身体等量，啪一声砸中则如大浪袭来，即使对生命不构成威胁，也足以让它们惊惧。

雨水会顺着枝叶流淌，然后落下。花草如沐浴一场，干净鲜亮。雨停后，有的水滴还挂在叶尖或花蕊上，颤巍巍的，让人不忍惊动。水滴如凸透镜一般，映照着周围的景色。

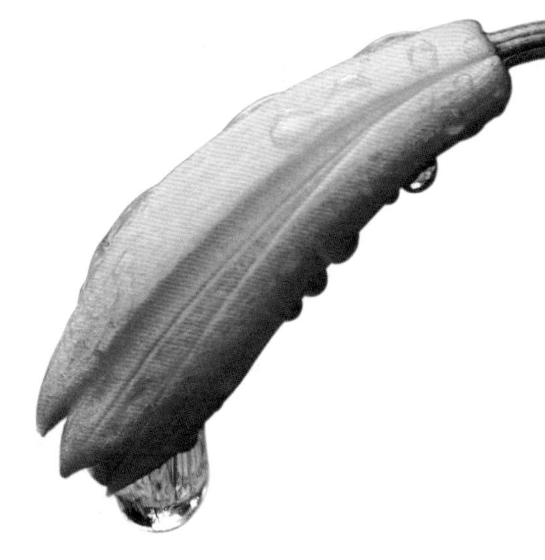

我总想找到一滴很大的，让它如鱼眼镜头一样收纳全景，但未能如愿。它们只是花朵的点缀，如人类的耳坠指环。

冷血的昆虫要阳光带来能量才能活动，因此，清晨还能见到有的昆虫身上带着水滴。显然，雨水冷却了它们的身体，它们只能静候东方日出。

大荷叶上的豆娘，停稳，像要饮水。荷叶平展在水面，雨水如水银般闪着金属的光泽，水滴在荷叶上，饱满而晶莹，对它也该是一处奇异的风景。

一支玉簪，紫色的条纹，聚集的水滴很是奇特，如媚眼。

生活太庸常，一场小雨，也是一种反叛。

雨晴

唐·王驾

雨前初见花间蕊，
雨后兼无叶里花。
蛱蝶飞来过墙去，
却疑春色在邻家。

谁的巧手包『粽子』

端午节早过了，但我竟然发现了很多“粽子”。

“粽子”很小，但精致、漂亮，一片叶子折两次，一道线，简洁到了极致。当时我猜，该是蚕一类的小昆虫的杰作，因为“粽子”的腰身缠着一圈白色的丝线。

它神奇得让我发呆。这是一只虫子单独完成的吗？那太难了。扯起叶子的尖端，往相反的方向抻，对人来说轻而易举，但对虫子来说叶子的反弹力太大了。它们没有工具，只有口器和几对软足。也许可以把该转折的地方咬掉一些，但我并没有看到一丝噬咬的痕迹。

也许是夫妻合作，那将带来很大的方便，一只咬住不放，另一只吐一些丝线，左右缝合，再折过来，继续。这种可能性很大，因为按照常识推测，里面应该是它们的孩子，这只“粽子”是它们就地取材搭建的产房。那中间的一圈白丝，准确地说是一束，我放大了看，细密得数不清有多少根。想想，为了捆紧一些，为了孩子的安全，它绕着这只“粽子”，在同一个纬度吐着丝，爬行几十圈。把一个成语送给它吧：一丝不苟。

多少年的反复实践，多少年的经验积累，才会有这样的智慧和成果？

“扫地怕伤蝼蚁命，爱惜飞蛾纱罩灯。”以前，我以为只有具备菩萨心肠的人才会有这样的想法。现在，我改变了我的认识，凡是有仔细观察事物的习惯的人，大概都能渐渐滋生出爱护万物的慈悲情怀。所有的生命，它们平等，且各自散发着艺术的气息，都有绝技在身，甚至，也许它们都是上天给我们的秘籍，所有疑难困境的解决之道都隐藏在它们的体内。

我敢肯定，如果你认真观察过昆虫，那么你一定会爱上它们。真的，那是另外一个迷人的世界，不仅广大神秘，而且处处超乎你的想象。

初秋的一个早晨，我又到公园的水边看虫，在距水边两三米远的地方竟然看到了激动人心的一幕：一只小蜘蛛正在“包粽子”。当时它在完成最后一道捆扎的工序，绕着“粽子”不停地爬。我看不见它吐出的丝，也不知道它已经爬了多少圈。

回去在电脑上细看的时候发现，我无意中拍到了另一只在旁边草秆上休息的长腿蜘蛛，有了参照物便能看出“包粽子”的这只小蜘蛛有多么小巧：它的身子比一粒黄豆都小。

后来，我还拍到过一只特殊的“粽子”。也是在回看的时候发现，在我相机的焦距外，身上还带着一滴露珠的毛毛虫正在进早餐。旁边被蜘蛛用来生儿育女的草叶已经干枯，周围都是碧绿的青草，它十分显眼。毛毛虫吃饭时轻微的嚓嚓声让我突然想到，也许是小蜘蛛用蛛丝织成了育儿袋，又将叶子折叠，一圈一圈地捆扎，还是不放心：万一毛毛虫来吃草吃破这个襁褓怎么办？可能是蜘蛛母亲费尽心思，把这根草叶咬断了一些，又注入特殊的毒液，让它干枯。鲜嫩的草叶有的是，毛毛虫就不会吃这根枯萎的草叶了。

口红

在木芙蓉宽大的叶子上，老远我就看见有一只鲜艳的毛毛虫。

大部分虫子都是生物界的弱势群体，缺乏必要的武器和铠甲，可它们善于伪装、拟态，或者能在危急的时候动用真正的“生化武器”。但也有一部分虫子虚张声势，把自己打扮得花里胡哨，非常招摇。说不上孰优孰劣，当你真正走进它们的世界，你才知道：活着，都不容易。

很多人看到类似的虫子，或者心生厌恶，或者毛骨悚然，唯恐避之不及，但我早就习以为常。黄绿白相间的条纹，身上布满黑色的斑点，每一个斑点都长出一根纤毛，这已经像刻意雕琢的艺术品了。更让人惊讶的是，当我换一个角度看的时候，发现它竟然涂抹了鲜艳的“口红”。绿色的身躯上，这么闪亮的一点，真是如烈焰般夺人眼球。

放大细看，我又产生了怀疑：这可能不是口红。因为一对软足超过了“嘴”的位置，而且“口红”上长着几根“胡子”，这都不利于进食，我也没看到口器。回看上一张图片，看虫子的另一端，我才敢做出结论：哦，这抹“口红”原来是它美丽的臀部。

更奇怪了吧？爱美的女人们为脸蛋的俏丽费尽心思，甚至不惜重金美容甚至整容，我都可以理解。为屁股？还是一只昆虫？匪夷所思！因为进化是一个艰难而漫长的过程，谁都不会做徒劳无益的傻事，哪怕一只普通的肉虫。其实，稍有生物常识的人应该都能猜到，这可能是一种伪装，就像乌樟凤蝶和灰角尾舟蛾的尾部都有假眼。生物学家的解释是，当捕食者接近幼虫的时候，毫无例外地发现自己和幼虫“面对面”了，而这种“面对面”的方式很有效，因为捕食者通常不愿意攻击一个坚守阵地并对抗地盯着自己的猎物。我在湿地公园拍到的一只灰眼蝶，它翅膀的一侧竟然有大小不等十只“眼睛”，其作用大概与虫子的伪装类似。

这让人好奇，也让人着迷。你想，一只肉虫，用什么手段让自己色彩斑斓？哪来的颜料给自己的臀部涂抹上伪装的“口红”？又是哪一组脱氧

核糖核酸发出遗传的指令，让它的后代同样分毫不差？这里面是不是还有别的玄机？一个迫切的问题是，在物种灭绝如此迅速的今天，留给生物学家的时间还有多少？是不是像卡森所预言的：没准儿，哪一年寒冬过后，残雪消融，而我们迎来的却是一个寂静的春天？看多了异彩纷呈的昆虫，我竟然也和生物学家一样焦急了。我不知道如何保护它们，我更关心的是明年的此时此刻，我还能和它们在这里相遇吗？

我想恭恭敬敬地引用托马斯在《眷恋昆虫·后记》中的一段话，给爱虫或者怕虫的人看："想想吧！大多数物种还未被发现，更不用说研究它们的生物特性了。人们普遍认为至今已经定名的150万种生物，总数少于地球存在数的一半。考虑一下其中的含义。可能有数百万种独特的生物体等着被发现，并且每一种均有自己独特的习性，以自己的方式与配偶、敌人、病原和共生物等发生相互作用。实际上今后几十年有关生物结构、机理和功能，当然还有新化学分子的发现机会是无限的。从发展潜力上说，自然史至少是处于黄金时代的开端。当然这种潜力能否实现，取决于我们是否有智慧去保护自然界留下的遗产。"

退一步，这样想吧：这只色彩斑斓的虫子，过不了多少时日，就会成为一只花枝招展的蝴蝶，在花丛中翩然起舞。

吸管儿

很早就拍到过这种蝴蝶。飞得快，看身形以为是蛾子，后来知道叫弄蝶，但当时吸引我按下快门的，是它又大又黑的眼睛。

我看不到它的瞳孔。也许它的眼睛根本不用瞳孔就能看清物体，或者它的瞳孔和眼睛的直径一样。也许都不是，它和我们人的眼睛一点儿都不一样。

这次，在木芙蓉的花丛中，它吸引我的是那根超长的吸管儿，展开能超过它的身长，细看，由粗到细，颜色由深到浅。要是在非洲菊或者向日葵之类的花上采蜜，最方便不过了。它只需要在一个地方站稳，不用移动身体，只要移动吸管儿，就能采整个花盘的花蜜，不必像蜜蜂那样在花朵上匆忙地爬来爬去。

更为精巧的是，它能用完收起，蜷曲如手表的游丝，你一点儿都看不到它藏在哪里。我看到了它拿出和收起的全过程，只是没有来得及拍下来。当我做好准备的时候，它就开始采蜜了，我静静地等着它重复刚才的动作，可一眨眼的工夫，它就飞走了。

不久，我又看到了一只透翅天蚕蛾，它也在采蜜。看似身子笨重的它忙活起来却十分灵巧。它几乎不用落在花朵上，而是像直升机一

样在空中悬停，然后采蜜，吸管儿一会儿伸开，一会儿收起，灵活自如。

把吸管儿蜷曲起来，要以尖端为圆心卷动吧？那么细的管子，还要有更细小的肌肉控制吗？而收放自如，肯定是有着很灵巧的结构。

更为重要的是，花蜜是比较黏稠的，那么细小的管子，不会堵住吗？要么有足够的吸力，还来不及堵塞就被它吸入体内了。另一种可能是它能分泌一种稀释液，但分泌稀释液，也需要有更为细小的管道吧，哪种神经来支配它呢？

我常因这样的胡思乱想而陷入迷惘。

但可以肯定的是，昆虫们一直在使用着这些神奇的部件。

所有的生命都一样精巧神奇，造物主不偏心。我越来越坚定自己的这一看法。我们在所有的动物面前都没有资格傲慢，自以为优越的想法和举止，不是出于夜郎自大，就是出于无知和狂妄。

上帝的礼物

汪曾祺老先生有一篇小文，题目叫《花大姐》，很有趣：

瓢虫款款地落下来，折好他的黑绸衬裙——膜翅，顺顺溜溜：收拢硬翅，严丝合缝。瓢虫是做得最精致的昆虫。

“做”的？谁做的？

上帝。

上帝？

上帝做了一些小玩意儿，给他的小外孙女儿玩。

上帝的外孙女儿？

对。上帝说：“给你！好看吗？”

“好看！”

上帝的外孙女儿？

对！

瓢虫是昆虫里面最漂亮的。

北京人叫瓢虫为“花大姐”，好名字！

> About

“淑女虫”

瓢虫，因为形状很像用来盛水的葫芦瓢而得名，又叫“淑女虫”。它们的平均寿命约为一年，天敌是鸟、蜘蛛和某些昆虫。不过它们也有自保手段：它们的味道很难闻，会释放臭气，还会装死。

可以根据它们背上的点数来区分益虫、害虫。益虫有：二星瓢虫、六星瓢虫、七星瓢虫、十二星瓢虫、十三星瓢虫、赤星瓢虫、大红瓢虫等；害虫有：十一星瓢虫、二十八星瓢虫。

瓢虫，朱红的，瓷漆似的硬翅上有黑色的小圆点。圆点是有定数的，不能瞎点。黑色，叫作“星”。有七星瓢虫，十四星瓢虫……星点不同，瓢虫就分为两大类：一类是吃蚜虫的，是益虫；一类是吃马铃薯的嫩叶的，是害虫。我说吃马铃薯嫩叶的瓢虫，你们就不能改改口味，也吃蚜虫吗？

看到小巧而漂亮的瓢虫，我们也只好同意汪老先生的看法，如果没有上帝的话，我们对好多神奇的现象就难以做出解释。它的外壳，学名叫鞘翅，意思是“刀鞘一样的翅膀”，能保护折叠在里面的轻薄的后翅，也能防御敌人的进攻，一般的口器和利刺很难穿透这层铠甲。这就是它为什么敢于把自己打扮得这么漂亮，毕竟这在碧树绿草间太招摇了。

几乎所有招摇的昆虫，都有招摇的资本。瓢虫的鲜艳，也是警戒的颜色，甚至连它的幼虫也是黑中

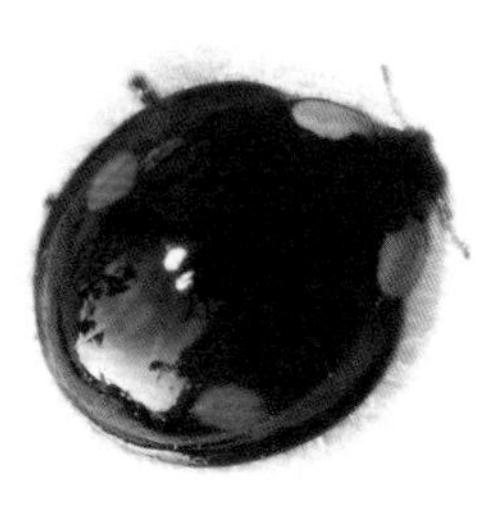

带有黄色的斑点，有点类似于马蜂。这是警告它的敌人，我不好吃，你吃了会不舒服，甚至会付出生命的代价。而瓢虫的腿关节，竟然能分泌难闻的气味，以此警告不怀好意的接近者。

万绿丛中，这一点红，像画家的点睛之笔，使一大片草丛因之而生动。

我也曾为它的渺小而遗憾。但想想，大了也许就恐怖了。小巧的瓢虫，只需要一点点食物便能果腹。它们的翅膀能折叠收好，使它们能进入更小的空间藏身。想想，能折叠机翼入库的飞机只有很少的几种，这绝对是高科技。

瓢虫大致分成吃荤和吃素两大类，口味截然不同，不像杂食的人。人类也把它们分成了两类：吃荤的是益虫，吃素的是害虫。它们会把人分类吗？也许不分，都是坏人。

狭路相逢

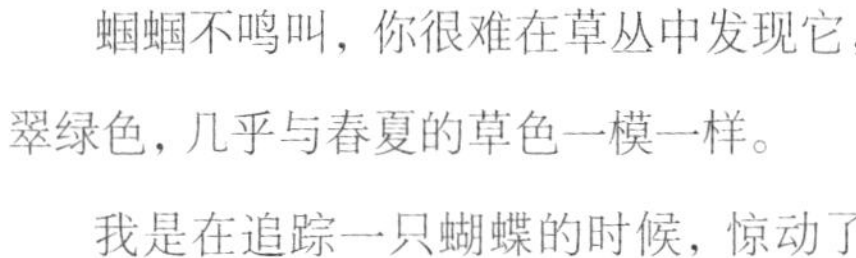

蝈蝈不鸣叫，你很难在草丛中发现它，翠绿色，几乎与春夏的草色一模一样。

我是在追踪一只蝴蝶的时候，惊动了草丛中的一只蝈蝈。它飞起来，落到三米之外的草叶上。我蹑手蹑脚，用了五六分钟接近它，然后小心翼翼躲开其他杂草的叶子，让镜头尽量接近蝈蝈。见它浑然不觉，便连拍了十几张。放大回看的时候，发现有一张，蝈蝈的前面还有一只蚂蚁，而蝈蝈的眼睛竟然是红色的，在浑身翠绿的背景下，分外醒目。

蝈蝈和蚂蚁，它们是仇人相见吗？

有可能。也许，群蚁曾经聚食过蝈蝈的同伴，蝈蝈怀恨在心，今天狭路相逢，自然分外眼红。蝈蝈食草，但也有锋利而强劲的口器，置对手于死地易如反掌。蚂蚁有群体的智慧和力量，可单兵作战就毫无优势可言了。

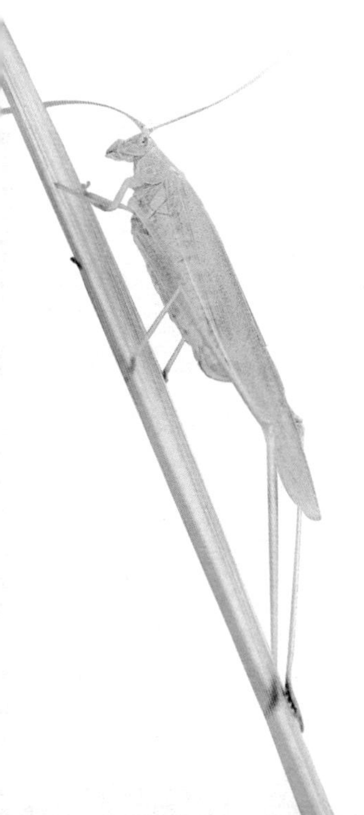

有意思的是，当我往下翻看的时候，蚂蚁的位置变了，它爬到了叶子的下面，心里想的应该是：我惹不起，躲得起，好汉不吃眼前亏。

另外一种可能是，蚂蚁近视，是靠触角和信息素来交流的，它只模糊地看到了前面高墙一样的庞然大物，而道路只有窄窄的一茎草叶，那么，如果不回头的话，只能绕到下面通过了。我再细看蝈蝈，两条用来跳跃的大腿并没有蜷起，而是后伸，这应该是放松的状态。

没有见到仇敌，红眼睛本来如此。刚才的猜测，只不过是以小人之心度君子之腹的胡思乱想。也许，我们不知道的那个昆虫的世界互敬友爱，遵纪守法，它们过着神仙一样的日子。

隐身术

到野外拍昆虫，首先要解决的一个难题是如何找到并接近拍摄目标。

从拍摄角度说，昆虫大致可以分成两种：一种色彩艳丽，很张扬，好发现，却不好接近；另一种隐身手法炉火纯青，在你身边你都不见得能看见它。艳丽肯定有艳丽的资本，可能行动敏捷，可能有致命的武器；隐身，这样的低调如果不是为了偷袭，那多半是出于无奈的选择，没有任何可炫耀的一技之长，只能隐忍退让，将自己和环境尽量融为一体，不暴露目标。

好几年的拍摄下来，我对昆虫的各种本领依然没有习以为常，反而越来越敬佩。所有的生命都一样伟大，没有高贵卑贱一说。活着并延续生命，是一件艰辛而偶然的事情，这应该成为我们敬畏生命的另一个理由。

自然中的争斗，单靠力量和速度这些硬件还远远不够，在形态和体色这些软件方面，也一直进行着微妙的比拼。

这只稻弄蝶的幼虫，浑身绿色，只有眼睛那个部位有细长的一小条红色。它把一片草叶用丝线

拉起，和草秆贴近，然后自己顺着草秆躺好，稍远一些，你就分不清它和叶子了。它还能把这片叶子卷起来，形成一个长筒，然后钻进去睡觉。

暮春的草秆上，一只长腿蜘蛛刚刚蜕完皮，此时的它非常虚弱，因此它小心翼翼地贴着草秆，把长腿伸直，几乎和前面干枯的草秆一模一样了。蜘蛛是杀手，平时张牙舞爪的，但这个时候不能这样，这是最危险的时期，千万不能让天敌发现。

要进攻或捕食的时候，隐身也是必要的，被猎物发现之后，捕获成功的几率就要大大降低，甚至会竹篮打水。小蟹蛛也懂得这个道理，它把自己隐藏在花丛中，圆鼓鼓的肚子就像一个花苞，而翠绿的腿简直和花柄没有任何区别。它很有耐心，伪装好了，张开双臂，就等着“拥抱”猎物了。

食草的昆虫一般老老实实，它们的天敌很多，隐身术更是不可或缺的本领。一只蚂蚱，你明明看着它落到了前面的草丛中，但就是找不到，不耐烦了，用脚胡乱地把草一踢，蚂蚱又飞起来，落到前面几米远的地方，你再去找，结果很可能是重复前面的过程。

昆虫种类繁多，因而丰富多彩，看看它们为生存所做的努力吧，你会由衷地敬佩它们。

当然，隐身最好的是我们永远发现不了的那些种类，它们本领高强，随便一躲就让你的眼睛“失明”，就像一粒沙混入了沙漠，一滴水汇入了河流。

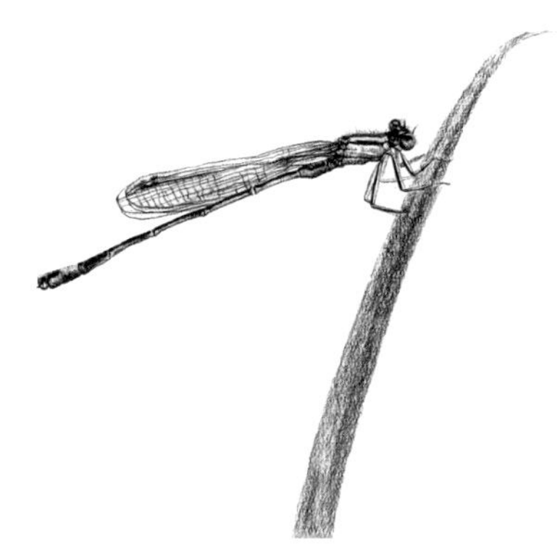

不啃老的小豆娘

大部分虫子在半夜或凌晨蜕变，如果你看到昆虫羽化，那是很幸运的事。

我没看到这只小豆娘羽化，但从翅膀和身体的颜色看，它太嫩了，羽化也就几个小时吧，和它同一个品种的成熟豆娘比一比颜色就清楚了。

但让我吃惊的是，它嘴里已经叼着一只刚刚捕获的小飞虫了。这是它的早餐，是它第一次自己捕获的早餐，真的是自食其力。昆虫不像哺乳动物，没有母亲的乳汁可以吸吮，也不像鸟类，母亲可以喂孩子虫子或反刍一些食物。豆娘的母亲也许是去年产下的它，那时它只是一枚用肉眼都看不大清的十分微小的卵，之后，母亲就不知去了何方。

小豆娘能从一枚卵到幼虫再到羽化，不知躲过了多少次被吃掉的危险。现在，虽然翅膀还柔弱，但也只能靠自己谋生。

我们看到小鳄鱼也是，青蛙蛇类也是，它们不能啃老，它们必须强大，自然界中没有谁会可怜它们，周围都是杀手，步步都是陷阱。

即使是哺乳动物，大多数也是在很小的时候就要学习捕猎，稍大就要自己闯天下了。

20世纪80年代有一部日本纪录片《狐狸的故事》曾经感动了很多人。当狐狸父母教会了小狐狸捕猎的技巧和生存的智慧后，就狠心地将五只小狐狸一一赶出家门。外面可能有猎人的枪口，可能有野狼的追捕，还有避免不了的冰天雪地，漫漫严冬，但父母知道，这一天终将到来，孩子们一定要自己面对所有的考验。

像所有以动物为主角的影视作品一样，写动物，其实是写人。只是，很多父母，还不如这些狐狸。常常在电视或书中看到啃老的孩子们，可恨又可怜，但是谁把他们培养成了只会啃老的大孩子呢？

刺客

蚊子常在夜晚行动，它的“峨眉刺”锋利无比，是名副其实的刺客，一针见血。

蚊子臭名昭著，谁没被它的嗡嗡声烦扰过呢？谁没为它的繁殖献过血呢？时至今日，人类为把它们斩尽杀绝，都用上了“生化武器”。然而，千万年来，蚊子依然发展壮大，生生不息，这着实让自以为无所不能的人类颜面扫地。

蚊子不像瓢虫、蝴蝶、蜜蜂之类的昆虫，对人类无益不说，还毫无姿色可言。在各种拍摄花草昆虫的作品当中，我从未看到过它们的身影。

我也是偶然拍到过几次，其实蚊子也很漂亮精致。它们有让人羡慕的翅膀，能飞；有修长的六足，苗条；头上的触须竟然有那么多绒毛，像酋长的头饰。

惊蛰过后的第二天，我去拍梅花。春寒料峭，我在寻找中意的花朵的时候，发现不少梅花的花瓣被冻伤了，刚刚开放边缘就干枯了。我希望有一只蜜蜂飞来，让花朵更为生动，没想到却等来了一只蚊子，失望的同时也很惊讶：它从哪里来？冬天躲在哪里抵御冰冻霜雪？

我不知道。人类在冬天有房子，有空调，有火盆，有地暖，蚊子在冬天只能裸身在外。那么，可以给我们讨厌的蚊子一句褒扬的话吗？可以说它们与梅花一样不畏严寒吗？

还有一次，夏天雨后，在一片草叶上，我又看到了一只安静的蚊子。从下面的露珠来看，它很久没动了。雨骤然而至，不懂未雨绸缪的小蚊子只能紧紧抓住草叶的边缘，等待雨停，等待太阳出来晒干身上的雨水。大多数蚊子可能就在这样恶劣的环境下命丧黄泉了，

生活对它们来说，其实无比艰难。幸好，它们有庞大的数量，足以保证物种的繁衍生息。

当然，它们历经劫难存活下来，还有更为惊人的本领。蚊子能顺着人呼出的二氧化碳的气息找来，能根据我们的湿度和温度来判断是否进行攻击。而攻击的时候，它先是注射麻醉剂让你难以察觉，再用两片锯齿刀一样的下颚刺开你的皮肤，找到皮下的毛细血管，然后注射鲜血抗凝剂，最后才开始畅饮。人被叮咬后，皮肤红肿，痛痒难耐，欲找寻凶手，而此时的蚊子早已溜之大吉。暗夜的刺客，一律都是女侠。得手后的几天，她们会静静地找一个地方，利用窃得的那一小滴鲜血作为营养，产下几十甚至上百个蚊卵。

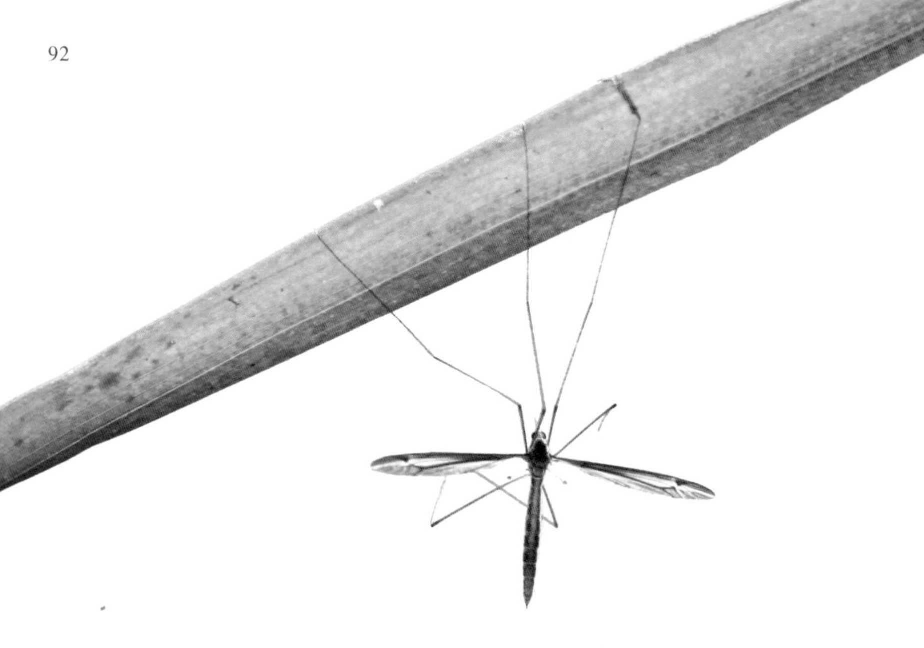

昆虫学家说，在寒武纪时期，蚊子就出现了，由于装备的精良，亿万年来，它们几乎没怎么进化。而人类的防蚊措施倒是与时俱进：先是用植物防治、烟熏、涂抹，后来有了蚊香，现在用电蚊香、声光诱捕、化学喷雾。据说，有科学家还想在未来改变蚊子的基因，让所有蚊子绝育。但在这场人蚊较量中，如果让我下赌注的话，我赌蚊子赢。小的不一定弱，强的未必能赢。

当然，一切皆有可能。科学上的事我知之甚少，如果设想让蚊子绝育的科学家能梦想成真，那么我也会是这一科研成果的受益者。但就目前而言，种种防蚊措施都有明显的副作用，熏蚊也熏人，害蚊也害己，倒是简单的蚊帐两全其美。

我倒以为，这其中有自然对人的暗示。一刹那，我竟然想到了被广泛用在国际关系上的“和平共处五项基本原则”。真的，我没有夸张和玩笑的意思。互相尊重，互不干涉，给对方留下生存的空间，也许都会生活得更好。这是不是，我想用一个流俗的词形容：和谐？

小小的蚊子，与人类相伴而生，考验着我们的智慧与真诚。

> About

蚊子的繁衍

在冬天到来时，只有少数的幸运儿能躲在室内隐蔽的地方。等天气变暖后，幸存者就要开始繁衍后代了。每一只雌蚊一生能够产卵几千个。雌蚊通常会把卵产在水面上。两天后幼虫从卵中孵化出来，我们称之为孑孓，它们以水中的藻类为食。孑孓经历 4 次蜕皮后化蛹，蛹漂浮在水面上，可以游动。当蛹的表皮破裂后，幼蚊从蛹中羽化出来。新生的蚊子翅膀变硬后就可以起飞了。

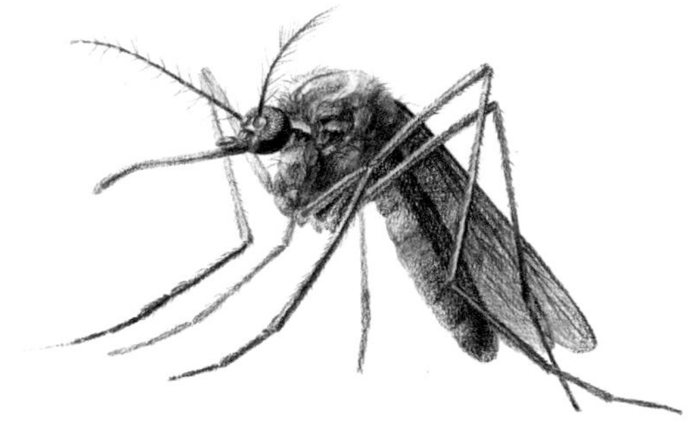

拼命

我在公园的灌木丛中看到这场争斗的时候，不知它俩已经僵持多久了。场面出人意料：体型壮硕的蜘蛛试图逃离，却被黏在蛛网上的一只小黑蜂拖住了后腿。我猜想之前的情形是小黑蜂清早觅食，不小心撞上了蜘蛛布下的天网，蜘蛛怕猎物挣脱，飞奔过来，想用两条后腿扯些丝线缠住小黑蜂，黑蜂奋力反抗，一口咬住蜘蛛的后腿，腹部弯过来，用螯针往蜘蛛的腿中注射毒液。蜘蛛从来没见过这么不要命的猎物，便想退让，小黑蜂却不愿善罢甘休。

蜘蛛是猎手，体型上又占绝对优势，还是在自己家门口，娇小的猎物事先已经落网，怎么一下子又处于下风了呢？也许，蜘蛛不知道落入自己网中的这个小猎物也是猎手。小黑蜂的上颚锋利且有力，如锯齿形剪刀，开口可能有点小，不然会轻易把蜘蛛的后腿咬断。还有，黑蜂也有化学武器，一根螯针方便给对手注射毒液，而且尖端还有倒钩。

更为关键的是，小黑蜂知道自己的处境，它拼命了。蜘蛛失去到口的猎物，不过失去一顿早餐，而小黑蜂要是成为蜘蛛的早餐，丢掉的就是性命了。

黑蜂和蜘蛛都在用力，腿脚一刻也不闲着，很难拍到一张清晰的照片。也许是我的镜头离它俩太近了，它们大概以为我这个庞然大物是新的威胁，都更想尽快摆脱困境逃生。蜘蛛挣脱了，黑蜂被蛛丝的弹力一扯，往反方向甩去，然后被一根蛛丝吊着左右摇摆。它弯曲身子，咬断了蛛丝，掉到草丛中不见了踪影。小黑蜂尽力了，它很幸运，躲过了一劫。

这是精彩的剧目，真实，没有彩排，也像我们的生活和命运。

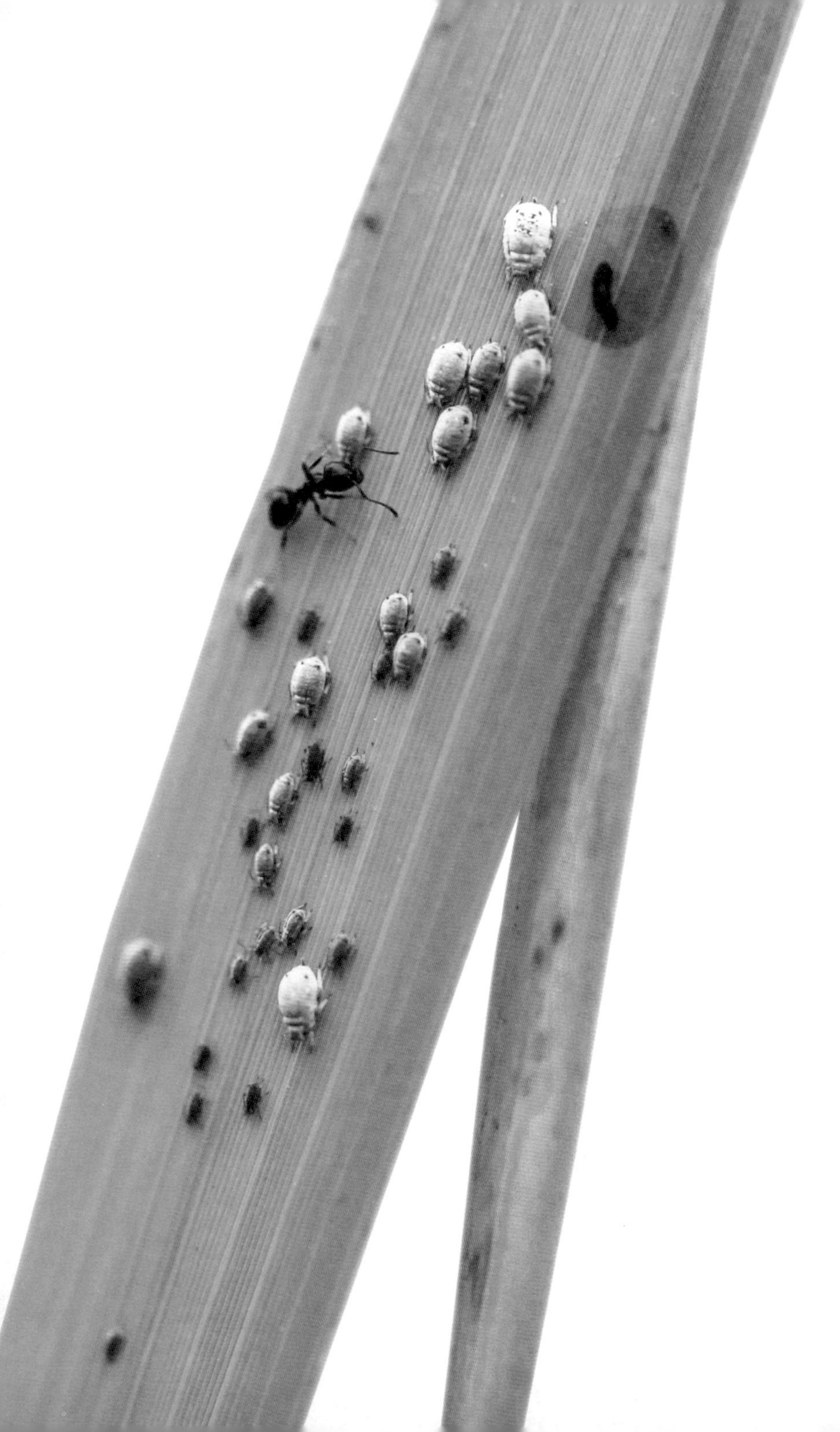

放牧

放牧，看似简单，其实是很高级的事情。人类进化了多少万年，才慢慢琢磨出来，这是经验和智慧的累积。很久以前，人类像其他动物一样，摘果子，挖野菜，捕鱼捉虾，偶尔围捕一头山羊改善伙食，那就是过节了。能储存一些粮食、肉类以备不时之需，就算有资产，就是很富有的表现了。会种植，会放牧，那该多聪明。你见过狮子放羊吗？你见过老虎放牧梅花鹿吗？别看它们在动物界称王称霸，草地上的牛羊也并不像你想象的那样，是它们随意可取的盘中餐，百兽之王常常也是饱一顿饥一顿的。这样一想，你就知道“放牧”该是多么了不起的本事了吧！

但这项本事不为人类独有，小小的蚂蚁也会。当然，它们放牧的不是牛羊，而是蚜虫。按身体比例来说，也不小了，比我们人类和兔子的比例要大。在香蒲的叶子上，我看到两只蚂蚁，各自放牧着十几只蚜虫。它们俩在蚜虫周围不停地转悠，我知道，这是想及时获得蚜虫分泌的蜜露。

蚂蚁可能并不以此来解决温饱，因为我没有看到大规模的放牧场面，倒是常常看到在一块面包屑、一块骨头渣或是一只昆虫的尸体旁边聚集着无数只蚂蚁。很可能，这是个别高智商的蚂蚁在以此改善伙食，像有些人能在物质匮乏的年代到草丛中设套捕捉野兔，或挖陷阱骗捕野猪，那也需要一定的技巧和头脑，不是人人都能做到的。

但，蚂蚁似乎比我们所有人都高明一些，它们不吃蚜虫，只吃它们分泌的蜜露。你也许不同意我的观点，要说不也有人挤牛奶、挤羊奶，这不残害动物吗？但我认为档次还是低一个层级，人吃的毕竟还是牛羊给孩子准备的食物，而蜜露，只是蚜虫的排泄物。更了不起的是，蚂蚁可不是不劳而获，蚜虫也能获得好处——受到蚂蚁的保护。例如，吃荤的瓢虫过来，想饱餐一顿，蚂蚁会猛冲过去，直到将它赶走。

我后来在一片草叶上真看到了蚂蚁为蚜虫勇斗小蜘蛛的场面。蚂蚁放牧，来了一只小花蜘蛛想偷食蚜虫，蚂蚁冲过去，它扭头就跑，蚂蚁不追了，它

又回来偷食，还真有一次得手，后来蚂蚁大怒，把蜘蛛赶远。那只蜘蛛不大，但蜘蛛是有螯肢和毒液的，所以，蚂蚁的这一举动是冒着生命危险的。想想，没有蚂蚁的保护，那一片蚜虫大概会被小蜘蛛吃得一只不剩。

向导鱼和鲨鱼，豆蟹和扇贝，牙签鸟和鳄鱼，甚至蜜蜂和花儿，都是这种关系。这不是剥削，不是寄生，而是互惠互利。有时我想，蜜蜂采蜜的时候顺便传授了花粉，人类受益，何以回报？只能是多种花不喷药。再骗取和偷盗它们的粮食，会被骂的：白眼儿狼。

互惠互利的理念叫什么？叫双赢，或者叫合作共赢。一些人也是最近才悟出这个道理的，在这个世界上生存，甚至是很激烈的竞争，也不一定是你死我活，共赢不是虚妄。那次在电视上看一名搞企业培训的讲师，正在给台下的企业负责人讲这个道理，他在台上走来走去，一副义正词严的神态，似乎真理在握。我看了想笑，他好像是在讲授很先进的理念，其实很多动物早就知道，它们谨守秩序，认清自己的位置，占据食物链的一环，不争不抢，互相帮助，在绿草鲜花中过着我们一直梦想的日子。

虫子的世界深藏惊喜与传奇

耍酷

以前在农村，秋天收黄豆的时候，肉乎乎的豆虫太常见了。很多人不喜欢它，不是因为它吃黄豆的叶子，而是因为它的颜色、样子以及触感，就像蛇或者蚯蚓，就算不咬人，没有毒，不少人也怕。

可现在，就连寻常的豆虫也不常见了。农药是主要的杀手，再说，我很久也没去农村收过豆子了。因而在湿地公园的一棵小柳树上见到一只豆虫，竟然有些欣喜。它在慢慢地吃一片叶子，而从侧面看，它就像一片叶子。开始是贴着小树枝，顺着叶柄吃。当我拍了两张换角度再拍的时候，它也换了姿势：不吃了，靠近尾部的软足抓住枝条，身子探出去，摆出了一片叶子的造型。

细看，它的身上有淡绿的条纹和紫色的斑点。再看它刚吃过的那片树叶，也是淡绿的叶脉，褐色的斑点。二者方向也一样。我心中窃喜，这像是给我摆造型呢，便又拍了几张。最后，我用一片草叶动了动它，看它会不会爬到别处，结果它一动不动，一直保持着树叶的造型。看来，它也知道自己行动缓慢，逃跑不会有什么好结果，还不如拟态伪装呢。鸟儿和青蛙之类的小动物常常对静止的东西视而不见，一般不到万不得已不吃死的，这也是它经验的总结吧。

想起夏天的时候，我在距此不远的草丛中，还看到过一只耍酷的小虫子。

它尾部的两对足抓着草叶的边缘，身体伸直如一根小木棍，我离得很近拍摄，它依然一动不动。一开始怕它逃掉，小心翼翼地靠近，拍完之后它依然保持着原来的造型。我推测，它可能没看见我，也许它根本没有眼睛。

用一片草叶逗弄，结果它还是那个姿势。我就想，是不是练什么功呢，但也太投入了吧？就继续逗它，它稍微改变了一下姿势，变成C形，之后又一动不动了。再逗，身体后仰，差不多有 120 度，又保

持下去。再逗，它哗啦一下，直挺挺地落入草丛中，不见了。

后来知道这种虫子原来就是尺蠖。不摆经典的Ω形，又是灰褐色，换了马甲，我还真认不出来了。它为什么改变姿势了？和经典造型一样，都是拟态。我逗它的时候，它依然不改变姿势，大概是告诉我：我不是虫子，我不会动。这只小尺蠖，很可能是个“吃货”，因贪恋美食而跑到了鲜美的嫩草中。它虽然认真地拟态，还是被我一眼发现，试想，要是它趴在树皮上或者枯枝上，就很难让人认出了吧？

这大概跟诈死的自我保护措施差不多。去年去乌里雅斯太山的半山腰，儿子看到一只蜘蛛，用小棍一碰，它就落到了地上，蜷缩着身子，灰白相间的黯淡色彩在沙石当中几乎无法辨认。儿子说，它装死呢。我说，不像。蹲下来用手去碰，它突然间伸开腿，一溜烟跑了。

在离开那只尺蠖的时候，我边走边偷偷地笑：“要什么酷呢？摆那么标准的造型，给谁看呢？”以至笑出声来。那是那天早晨我感到最好笑的事。

未 知 的 世 界 总 是 无 穷 大 于 已 知 的 世 界

刀客

螳螂是昆虫界名副其实的刀客。

两把刀，有锋利的锯齿和尖钩，闪电般的出击速度，耐心，准确，凶狠……它具备了刀客的一切特点。

我看过《双旗镇刀客》，大西北的背景，带刀的土匪出没，我不知道几乎寸草不生的地方人们哪来的那么大精神头。在那里活着也那么艰难，孩哥，还是一个孩子，就要面对那么残酷的一切，幸好他有绝世的刀法。那里面的刀客，一个比一个厉害，都冷冷的，但突然刀一挥，你都没看清发生了什么，一个人就倒下了。

螳螂就是刀客。螳螂有翅膀，但一般不飞。甚

至，你离它很近了，它也不会匆忙逃跑，而是蜷曲前腿，做好战斗准备。它也许近视，根本分不清对手的大小，它太相信自己的两把刀了。也许它从没失过手。

我在杂草中看见一只大螳螂，杂乱无章的环境，也不好拍什么，我便用一根木棍把它引到了树干上，它稳稳当当地停在上面，没有一点害怕的意思，让我从各个角度拍了个够。它在这个小灌木丛中，就像草原上的狮子，像森林里的老虎，它是霸主，它不知道害怕，它不用逃避。

慌慌张张的，都是猎物。羊，鹿，斑马，一有风吹草动就慌慌张张跑得不见了踪影。甚至体型庞大的野牛也很少和狮子对峙，常常在匆忙之中丢下小牛或老牛，或者是在奔跑中受伤，成为狮子的美餐。它有角，上翘，前伸，可以作为武器，它也力大无比。但，毕竟是吃草的，牙齿只适合切割和磨碎青草；蹄子，偶蹄类，还不如马，马还会踢，牛不会。兔子老鼠之类的就更不用说了，它们的眼睛叽里咕噜不停地转，还时不时抬起前腿，站高一些，瞭望敌情，似乎从没有安安心心地吃过一顿悠闲的午餐。没办法，它们没有刀，没有枪，没有化学武器，也没有杀手锏，底气不足。它们大多吃草，吃树

叶，欺负那些沉默不语又一动不动的植物。

但自然界没有我们看到的这么简单，谁也不敢说自己天下无敌。在不多的拍摄中，我不止一次看到残疾的螳螂。比如有两次，我看到只有一把大刀的螳螂。本是天生的双刀，现在失去了对称，它还能轻易获得食物吗？要知道其他昆虫也各有自己的生存秘笈，就连蚊子苍蝇之类的寻常小虫也不会轻易束手就擒。我也看到过螳螂被蚂蚁分食的惨景。

秋天的一个早晨，天凉雾浓，我在草丛中搜索拍摄目标的时候，竟然看到了螳螂大刀上凝聚着一串大小不等的晶莹的露珠。没办法，冷血动物可以节约能量，但每一个低温的夜晚几乎都是残酷的考验。

夜凉如水，大概从深夜到清晨，它一直保持着这个姿势，一点也没了江湖刀客的威风。

夏洛的网

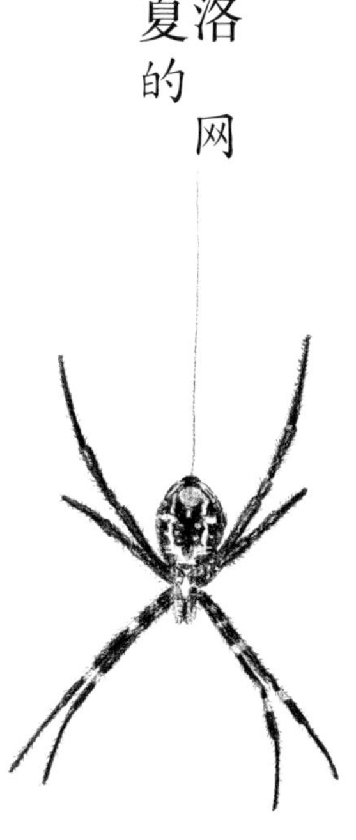

没有听到它的发音，我只是看到它在早晨织出了四行大写的英文，我翻译不出，也不知它写给谁看。

那个地方其实并不隐蔽，离人们健身的环园柏油路只有五六米。我抑制住自己的惊讶和兴奋，蹲在湿漉漉的草丛中拍摄，很怕自己的大惊小怪引来人们围观。那这里的草就会被踩平，蜘蛛也可能惊慌逃窜，而我也许就永远看不到它的身影了。

这只蜘蛛的身子和腿上都是红黄白相间的条纹和斑点，警戒的颜色，让人望而生畏。它的网足以捕获昆虫，满足自己的一日三餐所需，为什么还要费尽心思去学英文，并且精心地织在网上呢？莫非真的像怀特写的，是夏洛为救小猪威尔伯而殚精竭虑织成的？蹲在那里的一段时间，我一直在想这个问题。牛顿在《自然哲学中的数学原理》中说过一句很经典的话："大自然不做徒劳无功的事。不必要的，就是徒劳无功的。"那么，这四行英文肯定有用。

按照我的观察和已有的知识判断，蜘蛛

的这种做法还是伪装，是为了诱捕。在它附近，我看到不少草穗和它带英文的蛛网造型非常相似。想象一下，拉开十几米看，二者就很难分清了。一只视力不佳的昆虫稍不留神，就成为蜘蛛的小点心了。蜘蛛不做徒劳无功的事，它费尽心思地学英文，织到自己的网上，捕猎的成功率就会大大提高。

这需要思维吗？岂止，这还需要智慧。

需要技能培训吗？当然，不然这技能如何传递给下一代！

我把照片给朋友看。我说："这是蜘蛛的网址：NWWVW.WYVNM。"朋友问："COM.CN呢？"我说："那是人类的，这是蜘蛛界专门的网站，你输入一下试试。"朋友哈哈大笑："神经病！"

不管他。我写一首诗留着老了自己看：

威尔伯要被制成火腿了
夏洛特很着急
它用尽了一晚的月色和露水
织成了SOME PIG这句英语
小猪得救了
蜘蛛却丝尽而去
这是怀特写给孩子的呓语
幸运的今天
在白露未晞的清晨
我却和这篇童话偶遇

我又把照片向上小学的小侄女炫耀："看，我拍到了懂英文的蜘蛛。"

她看了一会儿，之后是十分不屑一顾的口气："我还以为它真懂呢，原来是一堆达不留。"

我和虫子零距离

王开岭在《乡下人哪里去了》一文中，把人间的味道分为两种：一种是草木味，一种是荤腥味。他说，乡村的年代，草木味浓郁；城市的年代，荤腥味呛鼻。鲍尔吉·原野在《草木精神》的序言中，也有类似的话。

我同意这种说法，也很喜欢我的一名学生在随笔中写的两句话：“人类不愿意把自己和动物混在一起，其实，动物也是这么想的。”

我猜想，以动物那么灵敏的感觉器官，它们远远地就能闻到人类身上呛鼻的味道，或是荤腥气，或是烟酒味。人类还没有走近，它们就早早地躲开了。所以，在野外，你要接近野生动物，哪怕只是一只小小的昆虫，也非常困难。

但依然有那么多美丽的照片被摄影者创作出来，器材与技巧是一方面的原因，但关键不在这个。那些专业人士，那些发烧友，他们本身就喜欢那些拍摄对象，并且为了一个精彩的镜头摸爬滚打、蹲点守候，他们的身上早就沾染上了草木的味道。

就是我，一个业余得不能再业余的微距摄影爱好者，差不多也是这样。去拍摄之前，我肯定要换上跟朋友要的一条旧的武警作训服，迷彩的，一件草绿色的防晒服，一顶卡其色迷彩的遮阳帽。看到心仪的拍摄对象时，蹲着，跪着，趴着，哪怕是在水里，为了好的角度，也不在乎。有时，根本不知道自己采用了什么姿势，身处哪里，眼里只有拍摄对象。时间长了，也许自己的荤腥味就少了，逐渐有了草木的气息。

曾经有几次，我与昆虫有过零距离的接触。在拍一只小螽斯的时候，它被乱七八糟的小芦苇叶挡住，我转来转去找不到合适的角度，便想把芦苇移开一些，这惊动了它，它不但没有逃走，反而跳到了我的左手上。

后来，拍一只小蜻蜓的时候，又遇到了类似的情况。拍了两张，我就被不远处悬茧姬蜂的卵

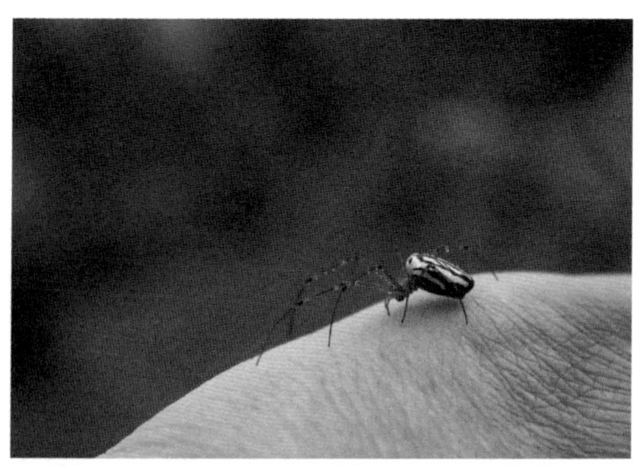

吸引了，调转了镜头，但小蜻蜓却落到了我的手上，赶都赶不走。

我细看这只蜻蜓，复眼上竟然有一块白斑。我不知蜻蜓有没有白内障这种说法，如果有的话，那它是不是眼部患病了，只能凭嗅觉判断落点？

最盛大的景象出现在锡林郭勒草原的一片森林中，蝴蝶、蚂蚱、苍蝇、蜜蜂等等像欢迎亲人一样迎接我。那是它们的家，我是客人。它们大概对我的到来也感到新奇和兴奋。不知多少日子没人来过，它们太好奇了。也许是我的气味吸引了它们，更为主要的是，它们没受到过人类的伤害，根本不知道怕我们。

它们落在了我的车、帐篷、衣服甚至鞋子上，让我感受到了久违的热情。

我以为，是几年前的一只微距镜头逐渐改变了我。它使我有了全新的观察和认识世界的角度，让我走进了另一个神奇而丰富的昆虫世界，慢慢让我急躁的心安静下来，让我匆忙的脚步缓慢下来。这有些意外，但我感激这样的收获。

有一些常识，人们现在才明白，也逐渐达成共识：没有了昆虫，肯定是环境的灾难，人类也活不成了；而没有了人类，它们会活得更好。你爱上了昆虫，就和世界上大多数生命站到了一起。

无论如何，昆虫落在我的手上，我看作它们对我的接纳和认同，是一件无上光荣的事情。

拦路抢劫

照片中如绳索一般的对角线，其实是寻常小草的一束草穗中的一根，非常细小，在上面表演走钢丝的小家伙是蟹蛛。

草穗太细了，在不易觉察的微风中轻轻晃动。小蟹蛛倒习以为常，它不是练杂技，这经典的螃蟹姿势是它在拦路抢劫。你看它往那儿一站，蚜虫、苍蝇、瓢虫能过去吗？像不像“此树是我栽，此路是我开，要想从此过，留下买路钱”的剪径大盗？

树不是它栽的，路也不是它开的，这只是抢劫的一个借口，类似于某些部门为收费而巧立名目。

劫匪靠的是板斧和大刀，蟹蛛也有资本。别看它那么小，但看到猎物会立马扑上去，迅猛凶狠，有的猎物比它大很多，它也毫不迟疑，无所畏惧。

那些“抢劫”的部门，表面看起来并不凶狠，他们待在和你我单位一样的办公楼，走在路上也是和你我差不多的人，却是真正的劫匪，只是，他们不操戈矛，他们的戈矛是权力。

想想，拦路抢劫的太多了，都贪得无厌。小蜘蛛算什么，顶多不过为了一顿早餐。它一点儿都不贪婪。

露水浓重的晚秋，
你在草丛中或树枝间观察过一
张缀满露珠的小蛛网吗？

两双白球鞋

这是豆娘中很奇特的一个品种，学名叶足扇蟌。因为它后面的两对足异化成了扇状，才有了这个名字。

我看到它在空中飞，如直升机一样悬停，六条腿微微晃动，像游泳时的划水动作，后面的两对足如穿着两双白球鞋，在绿草中十分醒目。豆娘虽身材娇小，却是不折不扣的食肉动物。我曾看到过豆娘捕食小飞虫的场景，忽然向猎物飞过去，迅猛异常，用六条腿围住，把猎物困在围栏中，然后撕咬。叶足扇蟌的腿上有毛刺，再加上四块扇状的“挡板”，我想，捕捉猎物就更容易成功了吧。

但奇怪的是，雌叶足扇蟌并没有穿漂亮的白球鞋，而是和其他类型的蟌一样，赤裸着六只脚。是不是可以说，没有白球鞋并不影响捕食，或者说，白球鞋只是雄叶足扇蟌用来炫耀的一种装饰？

雄性更漂亮，这在动物界很常见，如雄狮漂亮威风的鬃毛，而雌狮没有；雄鸡高大漂亮，浑身的

羽毛都闪着五彩的光泽，母鸡却灰不溜秋；色彩斑斓有羽冠会开屏的是雄孔雀，雌孔雀则羽毛黯淡，尾巴短小。人类似乎是一个异数，女性天生比男性要漂亮很多，而且她们还在做着后天的努力，如化妆、美容、穿漂亮衣服等。

雄性本该拥有的漂亮哪里去了？大概是人的比拼已经远远超出了外在的范围，如声音、外貌、体力等，而逐渐有了新的附加内容和标准，如才学、情趣、性格甚至地位、财富。他们有了很多可以炫耀比试的内容，而不单单是两双白球鞋、几根五彩的尾羽或一头金色的毛发。

两双白球鞋就能赢得姑娘的芳心，说起来是多么遥远而美丽的童话啊！

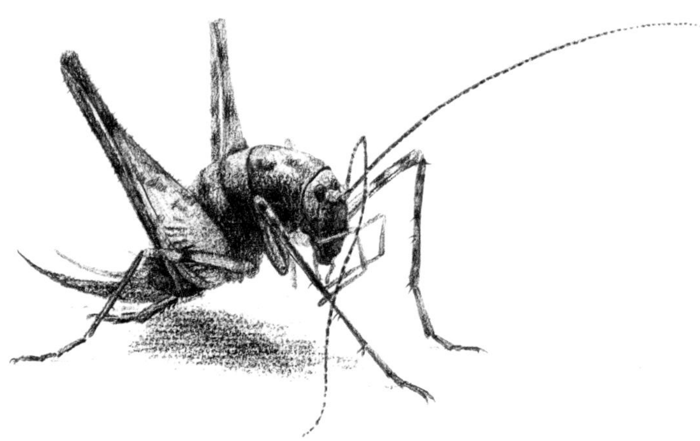

灶马

今年偏暖，已经小雪了，竟然在一条水泥路上看到一只灶马。

两条大腿高高抬起，弓背，触须有它身体的三倍长。也许是天冷使它身体虚弱，拍摄的时候，我离它很近了，它依然没有逃跑的意思。触须只剩一根了，另一根只有短短的几毫米，不知是自己不小心弄断了，还是打斗中损伤的，产卵器有如一把锋利的弯刀。

齐白石很喜欢画这种草虫，我却很久没看到它们了。

我的老家在北方的农村，很长一段时间，大约二十年吧，我家住在村子边上，紧挨着一条大堤。天凉以后，经常在灶台上看到灶马，只是比这只小，品种也不太一样，没这么大。灶马会叫，是我沉闷的童年有关音乐的美好记忆。土灶有余温，也有残渣剩饭，它们很会找地方安居，大概和燕子一样，很会跟人类保持适度的友好关系。

灶马不是马，南北走天涯。
只因秋风起，才进百姓家。

民间传说，灶马是灶王爷的坐骑，要不怎么叫灶马呢。而灶王爷要用坐骑的时候，应该是在腊月二十三，因为“糖瓜祭灶二十三，离年还有七八天”。那在北方是很寒冷的天气，灶王爷第二天就要去天上了。为什么要用糖瓜祭灶呢？因为要讨好灶王爷，让他吃了糖瓜，嘴甜，“上天言好事，下界保平安”。

只是，这里没有土灶。城里人的厨房，要么是电磁炉，要么是煤气灶，是瓷砖、大理石、不锈钢镶贴的台面、墙面和地面。它们在哪里安身呢？灶王爷难道要步行去天上吗？他能按时到达去汇报下界的情况吗？会不会说我们的坏话？

我看不到它的翅膀，单靠一双腿的弹跳，能走多远呢。它从哪里来？怎么就稀里糊涂地到了这个既没有土灶也没有火炕的地方？

我们都住进楼房的时候，就没有屋檐了吧，那燕子在哪里筑巢呢？还有这只灶马，秋风起了，冬雪飘了，可它到哪里寻找温暖的灶台呢？

拍完照片，我轻轻拿起它，放到了草丛中。我不知道明年春天，还能否听到它演奏的音乐。

虫子好像合欢花

要不是曾经看过李元胜的《昆虫之美》，我的眼力再好，也绝对发现不了它们俩。

它们趴在桑树的树枝上，比树枝颜色稍浅。像蒲公英的种子，飞到这儿，被挂住了。也像两朵盛开的合欢花。反正，怎么看都不像动物。

也许是，我还是不敢肯定。它在动！在心里惊呼一声，我才肯定了，此刻，一丝风都没有。侧着看，露出了小脑袋、小眼睛，似乎还有腿。太小了，看不清，拍出来放大，不满意。我想拿一只下来拍，哪知它突然一弹，不见了踪影，好灵巧啊，虽然小，可不是坐以待毙。

一转身，看到了，它跳到了旁边的木栈道上。木头是棕黑色的，以此为背景，这下能看得稍微清楚一些了，是蝉，广翅蜡蝉。这是它的若虫，没有翅膀，尾巴上的丝线成放射状，用来伪装。我

不知道这在昆虫界是不是独一无二的，这也太有想象力了。它尾巴一撅，就能用丝毛把自己藏起来。

换一个角度看，像金鱼了。

再换一个角度看，像孔雀，开屏的孔雀。

蝉活在这个世上，没有进攻的利矛，也没有防守的坚盾，它们只有一根针一样的刺吸式口器，小心翼翼地插入植物的皮肤，吸取一点汁液，那就是一餐美食。成虫可以飞，而若虫只能跳，平时，就只能伪装了。草丛和树上，可不那么风平浪静、夜夜笙歌，到处是陷阱，到处是雷区，到处充满杀机。

每次写它们，我总想强调，它们太小了。好几次，没有参照物，我就把自己的手指拍进去了。这次还好，它爬到了栈道的螺丝旁，对它来讲，那就是个深坑了吧，甚至，那个螺丝中间的十字凹槽都能把它装进去。

我太崇拜造物主了，瑞士的钟表大师可能曾跟他偷学了一点点技艺，皮毛而已，精髓永远也不可能学到，但已经让我等庸常之辈惊讶不已了。

我总以为，这其中也许有神谕：人啊，你永远不要狂妄自大。

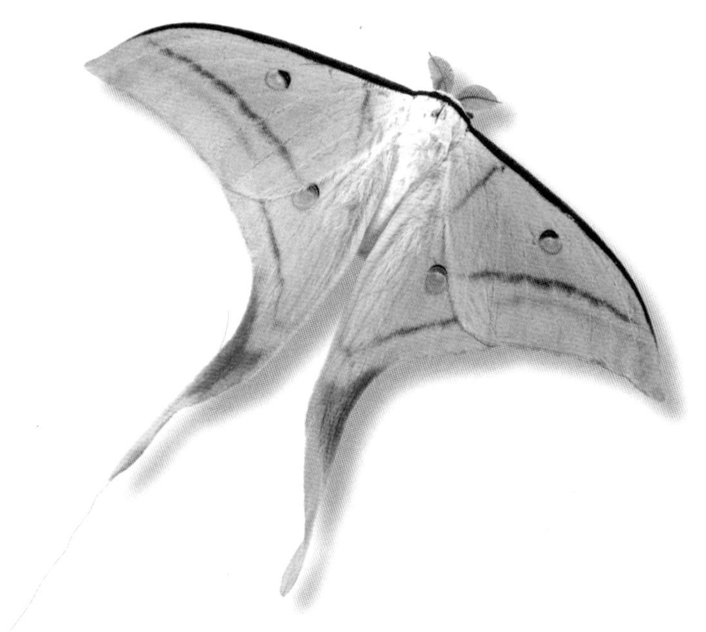

上帝也会女红

我拍过很多虫子的照片，存在电脑里，不肯轻易示人。不是因为它们有多珍贵，而是怕被人误解。曾有朋友看后，是满脸厌恶的神情：“这个你也拍，恶心死了！”甚至有人对我说：“你的审美观有问题吧？你这不是审美，这是审丑啊。”最难忘的一次是，一位女士看了一眼花里胡哨的虫子照片，尖叫一声，落荒而逃。

我敢肯定，他们根本没有仔细看过这些虫子的色彩和纹理，更没有想过它们进化的艰难和伟大。

蛾子，绿尾天蚕蛾，风筝一样翩然飞舞的蛾子，也有人怕。我常常感到遗憾，怎么说呢，他们等于拒绝了自然赐予的这份精彩。它们岂止是

gōng
红

造型优雅，那蛾眉，树叶形，一根根等距离排列的“眉毛”，一丝不苟，只有近看，你才会惊讶于这些细微之处的艺术形态；那翅膀，质地如丝绸，前翅的上沿是红色的，里面像有一根钢丝撑起，也像旗杆挑着旗帜；翅上的假眼，由黑到白，再到红，再到绿，然后是从白到淡黄再到绿的渐变，像一针一线刺绣而成。

碧玉一样的身子，排列着整齐而鲜艳的红色凸起，每个上面有四根刺，腹部和背部分成两部分，中间是暗红色的连接线，大概是为了结实和美观，还等距离地用几片“小树叶”加固。艺术家精巧的工艺设计也望尘莫及，而它们，摇身一变，就是能飞舞的美丽的蛾子，更重要的，它只需一组密码，就能将这样的美丽传递下去。

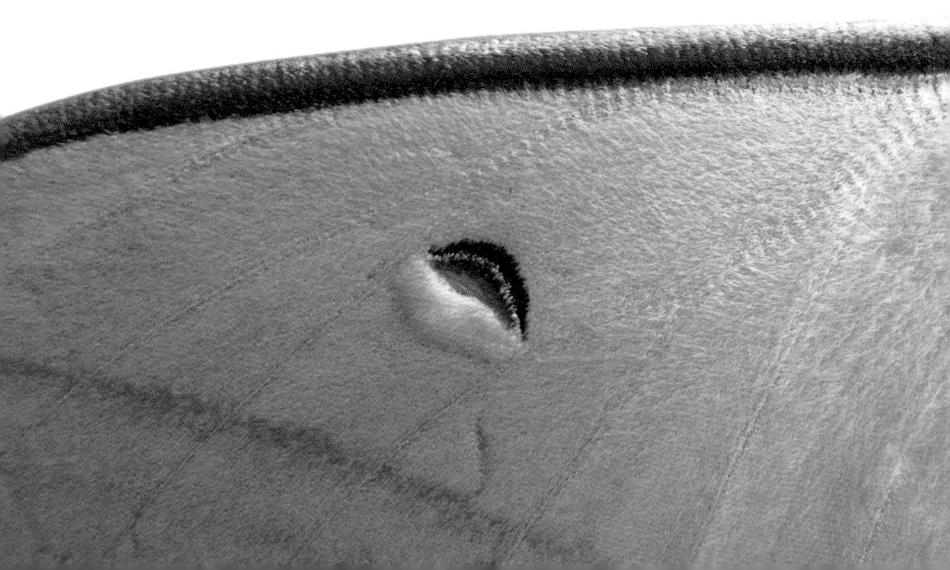

那只黑黄花纹的虫子，一定会羽化成豹纹蝶；而黑白条纹的虫子，一定会羽化成青凤蝶：这只是瞎猜，我从幼虫的漂亮已经想象出了成虫的美丽。每当这时，我总会想，早年它们不是这样，例如一亿年前，在漫长荏苒的光阴中它们不断修改着自己，向着花儿一样的美丽进化，才有了今天这样的精彩，这是十分神奇的事情，不由让我心生敬佩。

大自然太有耐心了，它永远不惜耗费时日不计成本地创造着，不出精品绝不罢休。露水浓重的晚秋，你在草丛中或树枝间观察过一张缀满露珠的小蛛网吗？

一片叶子的尖端缀着一滴露珠，司空见惯。横着的叶片、草茎或细小的树枝上缀着一串露珠，我也不感到奇怪。可细密的蛛网，细到你的眼睛都难以察觉，它们的上面，竟然排列着无数滴水珠，整齐，精致，横竖都有，如高档的珍珠项链。

一根蛛丝，细到只有头发丝的几十分之一，竖着，竟然也能挂上一串露珠，不知道蜘蛛在吐丝的时候设置了什么机关暗道，因为我从来没在室外的丝线、棉线、尼龙线上看到过这样的奇观。我曾多次在缀满露珠的蛛网前流连，迷惑。我想找人问一问，一夜之间，串成这么多精美的珍珠项链，该有怎样灵巧而勤快的双手呢？

我又一次想到了上帝之手。它创造了高山峡谷，大江大海，还有草原森林，沙漠荒地，这些壮阔的大风景让我猜想，上帝一定是个男人，甚至是个伟人，他站在云端，俯瞰大地，然后大手一挥，青藏高原隆起了，撒哈拉出现了，太平洋凹陷了，风起云涌，烟波浩渺……很明显，若非宏伟的设计和宽广的胸襟断不能创造出这样壮丽而永恒的作品。但是，蝴蝶和蛾子的翅膀呢？鸟儿的羽毛呢？虫子身上的花纹呢？每一根细小精致的纤毛呢？蛛丝上小如黄米的一颗颗露珠呢？……我只能想，上帝殚精竭虑创造世界太耗神费力了，它在工作之余，也懂得调剂一下自己的身心，偶尔做一做女红。

这才有了完整而完美的世界。

好奇

早晨，我从侧面悄悄接近这只豆娘的时候，它没有马上飞走，而是在我对焦的时候轻轻转到草秆后面去。我慢慢移动身子，它也慢慢移动。我猜它看不清我，但能感觉到我在动。它没飞走，可能是湿气太重，行动不便；也可能是飞累了，懒得再飞，或者感到我对它并没有什么威胁。

索性，从正面拍它的大眼睛——“我要读书”一样的大眼睛。蜻蜓有一双又圆又大的眼睛，而豆娘则有一双呈哑铃状的眼睛，分列左右。对好焦，似乎有瞳孔——像斗鸡眼。草秆很细，稍粗一点，就拍不全它的眼睛了。背后的香蒲被微距镜头虚化成一片纯净的绿，反而有了一种神秘感。

后来，在野外的水边，有露水的一个早晨，我又拍到了眼睛上带露珠的好奇的豆娘。我好奇地看着它，它也好奇地看着我。

这是我喜欢的一种状态。豆娘身材娇小，翅膀柔弱，这个世界对它来说太广大了，一片湖水，可能就是无边的海洋；一根芦苇，可能就是参天大树。不知我黑洞洞的镜头，在

它眼里呈现的是怎样的怪模怪样。

其实，这个世界对任何人、任何动物来说，都是无边无际的广大，未知的世界总是无穷大于已知的世界，好奇几乎是一种本能的状态。如果以为世界平淡无奇，一切不过如此，那么，一双眼睛约等于瞎了。我喜欢好奇心强的人，也喜欢有好奇心的动物。

走远一点，到陌生的地方，哪怕只是走走也很惬意。天文学家们走得更远，远得我们不能想象，听他们说起宇宙，是不折不扣的天方夜谭。也许，科学的前提就是好奇心。记得牛顿说过：“我不知道世人怎样看我，可我自己认为，我好像只是一个在海边玩耍的孩子，不时为捡到比通常更光滑的石子或更美丽的贝壳而欢欣，而展现在我面前的是完全未被探明的真理之海。”在我看来，牛顿不是谦虚，而是真实的表达。未知的世界就是深不可测、浩瀚无涯的海洋，而自己就是喜欢捡石子和贝壳的好奇的孩子。孩子般的天真之心，永不衰减的好奇之心，成就了牛顿的伟大。

后来，举办摄影展，我提供了一组豆娘的照片，其中就包括这张，我命名为“好奇”。很多人和我说起看完之后的感觉，都说那张“好奇”让人过目不忘。

他们也是有好奇心的人。

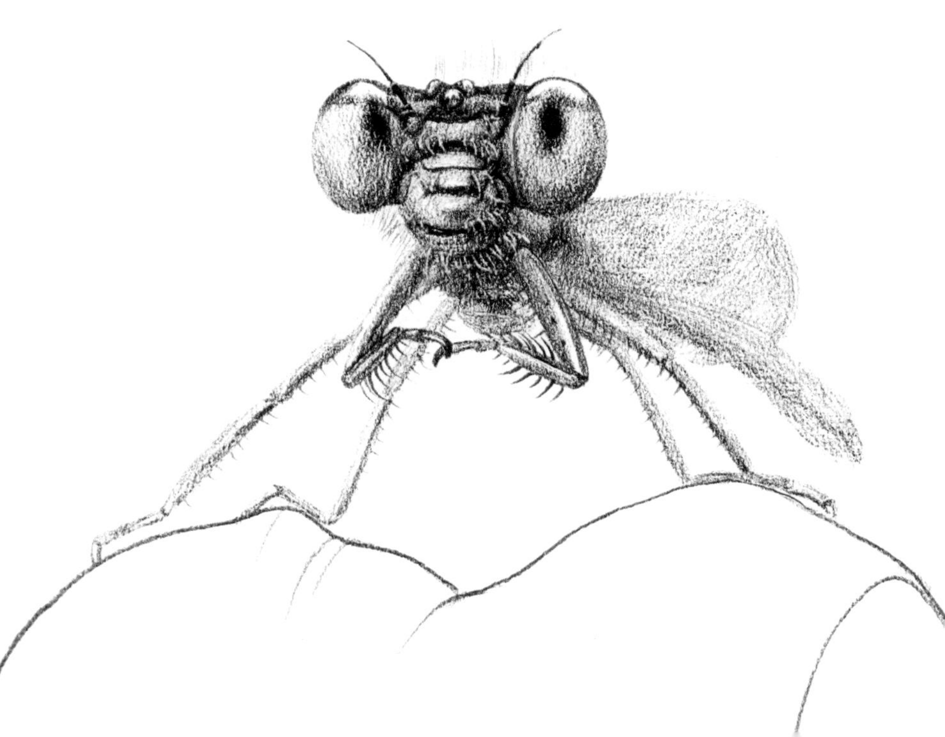

环境检测员

豆娘是大自然的精灵，是造物主的杰作，是亿万年光阴打磨成的艺术品。

我很少这样矫情地说话，但面对一只美丽的豆娘，我会瞬间短暂失语，搜寻完自己所有的词汇储备，依然感觉力不从心，词不达意。

我常常很失望，这么美的小昆虫，人们对它们却知之甚少。不少人管它们叫小蜻蜓，以为它们会长大，变成大蜻蜓。每当这个时候，我总愿意费些口舌，给他们普及一点儿昆虫常识：你们看它的翅膀，蜻蜓能这么灵巧地并拢吗？蜻蜓的眼睛能这样分成哑铃状吗？蜻蜓有这么精致吗？有这么漂亮吗？

多数人会在我启发式的讲解之后再仔细看看豆娘的玉照，连连赞叹，之后四散而去，继续习惯了的忙忙碌碌。我却常去偏僻的地方寻找它们的身影，乐此不疲。不少人认为我为一只小昆虫起早贪黑不辞辛苦，是十足的浪费，我却为他们惋惜：他们的眼睛有太大的盲区，浪费了视力。

这么美的事物，我们为什么会视而不见甚至熟视无睹呢？进一步推测，我们肯定还忽略了更

多美丽的事物。也许，自然界大部分的精彩剧目都在我们毫无知觉的情况下上演过了，我们可以免费观看，但没有珍惜，甚至根本不知道自己还有这样的权利。清风明月的时候，我们在酣睡；繁星满天的时候，我们在做梦；昙花盛开的时候，我们还在呓语；朝霞满天的时候，我们去会周公……

这不是什么过错，却是非常遗憾的错过。有些错过了还会再来，而有些错过了就是永别。

我去幽静的水塘边寻找豆娘的身影，也常常空手而归。像有洁癖一样，水稍微脏一些，它们就消失得无影无踪。它们有这样的能力，我很高兴。是该逃离那样的环境，我也难以想象它们在臭水坑、垃圾堆旁生活的场景。

它们似乎特别喜欢晶莹的露珠，很多个早晨见到它们的时候，它们身上都缀满了亮闪闪的“钻石”。那时的它们一动不动，似乎是小心翼翼地守护着珍贵的珠宝。但雾霾多了，露珠少了，有好几年看不到豆娘身上缀满“珍珠”的美景了。也许，在不久的将来，豆娘也会被列为濒危物种。

很多时候，寻觅一两个小时也不见豆娘的踪影。习以为常了，便不急不恼，坐在草地上，我知道，它们也许就在池塘中间的苇草中，和我共同享受着阳光、清风和草香，相距不远。虽不能见面，但我们同在，这也不错。我常常这样安慰自己。

我也有几次偶见豆娘恩爱的时刻，简直是自然界的奇观——优美的造型，超难的动作，堪比杂技的柔术。以这样的姿势，它们还能自由起舞，是真正的比翼齐飞。它们恩爱前的准备过程更加匪夷所思，也更加精美绝伦。只是，它们不轻易表演给人看，那是属于晨光和露水的隐私。

城市在疯长，人类在喧嚣，豆娘偏居一隅，沉默不语。其实，它们最有发言权。别以为种了几棵树，铺了几片草，环境就好了，就绿色了，就低碳了，就环保了，那是人类的一厢情愿。环境好不好，野生动物说了才算。

我以为，有洁癖的豆娘是真正的环境检测员。善待它们，就是善待环境；对它们的态度，观照出的是我们自己对生活的态度。

有一天，比如，拍到一百种豆娘的时候，我会仔细给它们归类，把它们的照片和学名对应好，以作纪念。我怕有一天，这些大自然的杰作会消失得无影无踪，只留下不挑剔的苍蝇、蚊子、蟑螂，还有楼房和鸡的屁（GDP）。

> About

豆娘和蜻蜓的区别

蜻蜓的头部是圆形，复眼相距很近；

豆娘的头部又横又宽，复眼分开较远，状如哑铃一般。

蜻蜓的前翅比后翅宽阔，休息时会将翅膀平展在身体两侧；

豆娘的双翅大小几乎相等，休息时会将翅膀垂直立于背上。

蜻蜓腹部略粗，形状较扁平；

豆娘腹部细长，呈圆棍棒状。

蜻蜓在空中飞行时捕捉食物；

豆娘一般静待食物的到来。

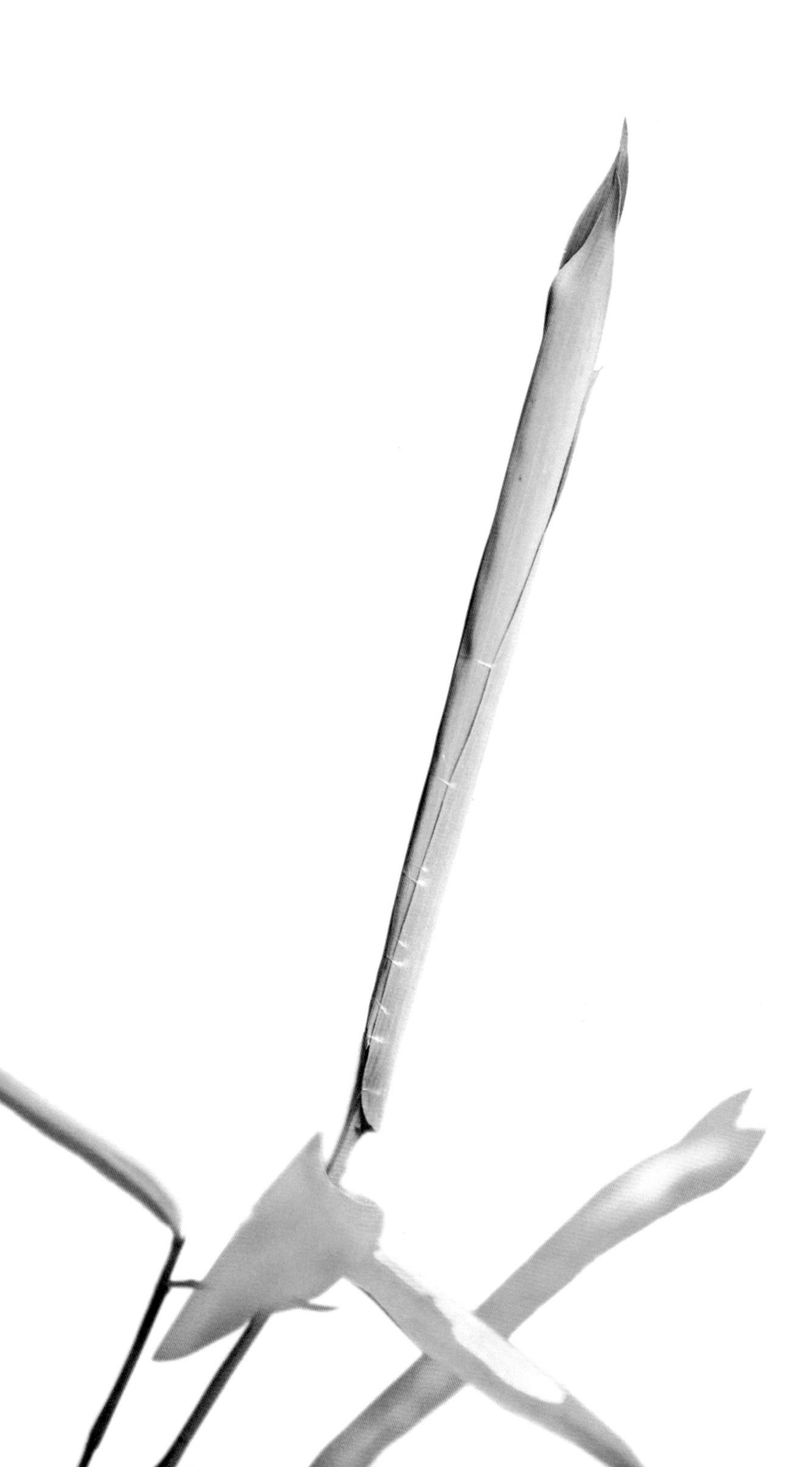

针线活儿

一片苇叶被什么虫子用丝线细密地连缀起来，可能是育婴室，它的孩子在里面酣睡。这在水边的芦苇丛中是常见的细节。

我数了数，有近30针，虽然不大整齐，但密密麻麻，非常结实。一只小虫子，完成这项工作实在不是一件容易的事情。猜想它的程序是：先吐丝，粘在叶子的边缘，爬到叶子的另一边，抻紧，再粘牢。而每一根白线，我慢慢放大，看清楚了，都是一束一束的丝线，有几十根。也就是说，这每一针的缝合，它都要往返几十趟。

从白色的丝线来看，我猜是蜘蛛所为。有好几次，我真想把苇叶打开来，一看究竟。但还是忍住了，我怕我冒失地打开之后，哗啦一下，里面慌慌张张地跑出无数小米粒大小的蜘蛛，乱作一团。母蛛建造这个产房太不容易了，我不能因自己的好奇而毁了它这项浩大的工程。

后来，天凉了，我在一片竹子中，又看到了相似的针线活儿，都在竹梢儿新嫩的叶子上。巧了！我细细观看的时候，发现了一只正在做针线活儿的虫子！就是普通的肉虫，身上有些黑点。它也会吐丝！也懂女红！会做针线活儿！我呆在了那里。我看着它的头不停地两边晃动，把丝线粘在叶片的两边，以便缝合成一个筒子。也许，我对苇叶上的针线活儿的主人的判断是错误的，那大概也是稍大一些的与此相似的虫子做的吧。

初冬的时候，江南虽不像北方一样滴水成冰，但也一天比一天冷了。那么，此时虫子做这样的针线活儿是不是它们御寒的措施呢？我拍了一张小虫的女红作品，发在了微信朋友圈："天气越来越冷了，我们有房子、空调、暖气、棉被、电热毯，一只小虫子，只能把一片叶子裹紧，以此抵御寒冷，我们就不要再计较它的针线活儿了吧。"

低调的奢华

很早就见过斑衣蜡蝉的照片，没想到今天在走廊上就看到一只，欣喜地捡起，放在了吊兰上。

拍了几张，放大，细看。眼睛下方有一根短短的触须，顶端橘红色，很鲜艳，前面还有一根很细的毛；浑身灰色，有醒目的黑色斑点，翅端有三分之一的部分没有斑点，但有细密精致的纹理，像君子兰的叶脉。一会儿，我想给它挪个位置再拍，它可能感觉到了危险，翅膀张开，做出展翅欲飞的样子，一下子露出了隐藏的后翅夺目的蓝红色彩。

晚上又拍，让人帮我逗弄，打光，它也只是瞬间展翅，然后合上。后来爬到我手上，我放到手电的一侧，一束光从背面穿透翅膀，我又看到了它后翅鲜艳的色彩。

它为什么把鲜艳和美丽隐藏起来？

暗淡是为了伪装，为了逃过天敌的眼睛和嘴巴。那鲜艳和美丽呢？展翅的时候显示给谁看？很可能是展示给异性，类似于人类的“女为悦己者容”；也许是有紧急情况时，突然露出鲜艳的颜色，吓唬敌人。

我不知道小小的斑衣蜡蝉有什么本领，但它自己肯定清楚，没有资本是不能张扬的。即使有奢华的衣服，也只能穿在里面，给爱人看。

在休息时，蜡蝉会与周围的环境融为一体，如果被打扰，有艳丽颜色的后翅会展开，露出眼斑来吓唬捕猎者。

残疾的它们

动物像人一样，自然也有残疾，或是先天不足，或是后天伤残。与人不同的是，它们没有残联，不会受到谁的照顾，没有红十字会或其他组织为它们献爱心，一切只能靠自己。

肯定有很多残疾的昆虫，早早地就被天敌吃掉了，这样的杀戮时时发生，根本没法统计。但有一些顽强地活了下来，如果在人类社会，肯定会成为励志的典范，媒体会有连篇累牍的报道，没准儿还有哪个组织把它们召集起来，组成一个什么“身残志坚演讲团”去动物界搞巡回演讲，收获鲜花、掌声和眼泪。

昆虫不能，它们没有那么矫情，只有加倍努力，防止被敌人捕获，并找机会解决温饱，以便活下去。它们知道，如果死了，一切都谈不上了。

雨后，我曾看到一只豆娘，在布满露珠的叶子上走得歪歪扭扭，长长的身子总是有些低垂和摇晃，让我不好对焦。拍下来细看，才发现它的六条腿仅剩三条。这对它来说太难了，站稳都不易，更不用说捕食了。豆娘如果像蚂蚱那样吃草还好说，偏偏它还是肉食动物，要吃更小的昆虫，而它的捕食对象是不会束

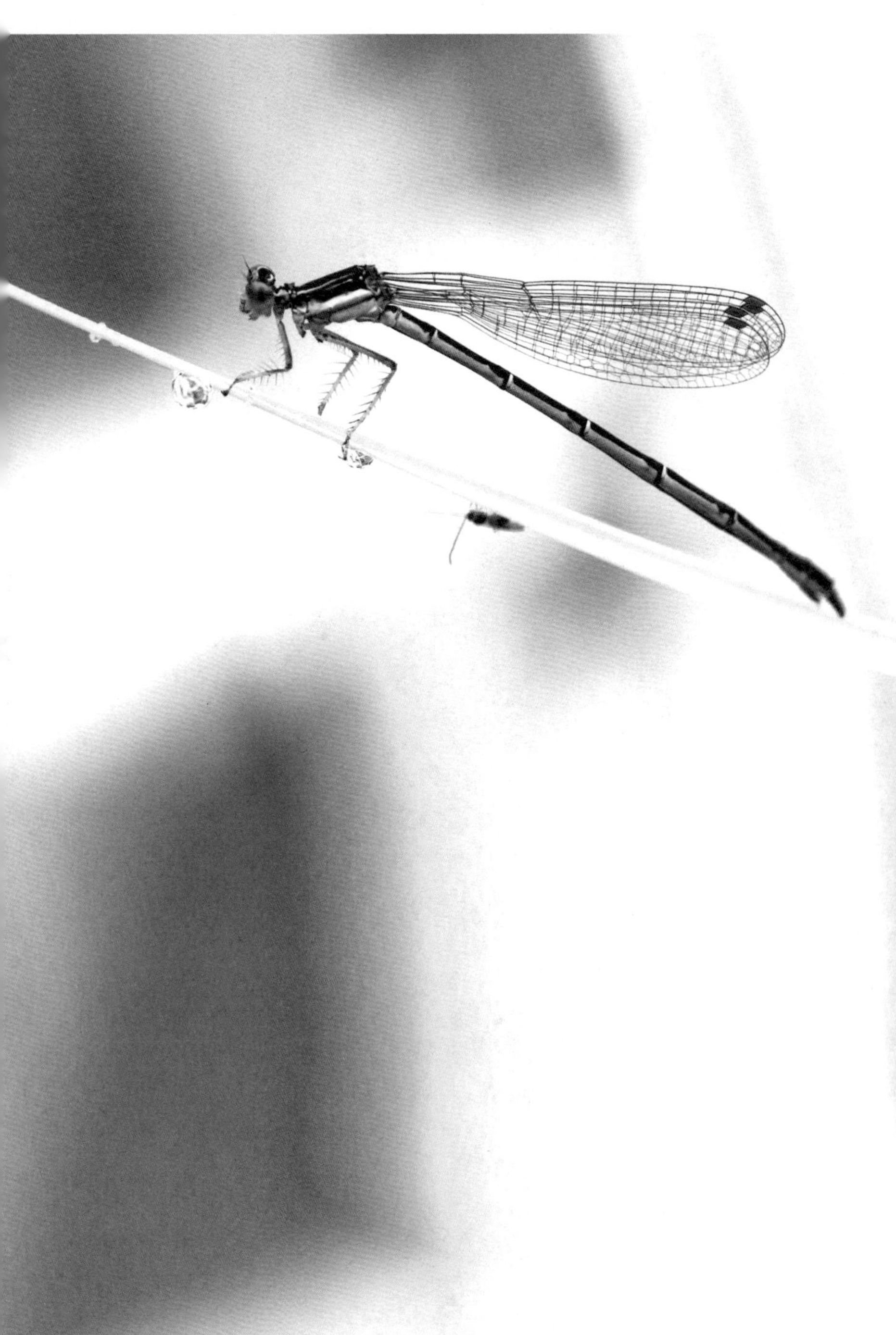

手就擒的。用腿抓似乎不大可能了，那只能飞过去准确地咬住，这也太考验它了。现在的叶子下就有一只小飞虫在爬，似乎在对残疾的它进行挑衅。它的翅膀在雨后沉重了不少，我不知道它能不能找到一顿晚餐，能不能迎接明天的日出。

周六早晨，在风中，我还看到一只蟹蛛在叶子上拦路抢劫。它很喜欢这样，我已经不止一次看到了。如果一只小飞虫爬过来，这样守着，它捉到的成功率大概很高。蜘蛛不属于昆虫，因为它们多了一对足。蟹蛛的两对短足用来抓住东西稳定自己，而两对长足则用来捕猎。我看到的常常是它张开两对长足，夸张的姿势好像老友久别重逢，远远地张开手臂去迎接，其实它随时都在准备着合上两对大钳子，给猎物一个实实在在的熊抱。

这只蟹蛛的长足只有三条，估计是某场战斗使它丢了一条。但它无所谓，风中的叶子摇来晃去，它却一直保持着进攻的姿势，杀气腾腾，我忽视了它的微小，认为它形同狮虎。

若可怜它，它也许会很潇洒地说：“天上飘来八个字，残疾根本不是事儿。”

有种美丽我不懂

周六早晨，夜雨过后，又想去花草间看看小昆虫的生活。此时的它们大多会因潮湿而失去平时的活泼，行动迟缓，有的甚至举步维艰。这对它们来说，也许是每日生活中难以回避的艰辛，而对我来说，拍照则容易了不少。

找寻间，发现了一只绿头苍蝇，在一片叶子上，背上驮着一滴露珠。凑近对焦，蹑手蹑脚。它稍微一动，露珠定滚落无疑。我猜不出为什么一夜风雨，露珠能安然无恙。露珠又不是珍珠，苍蝇为什么对它视若珍宝，一宿的凄风苦雨，它居然一动不动。

我更看中露珠，它使苍蝇变得奇异甚至不可思议。我放大回看，看露珠是否如凸透镜般映照了花草，以检测我在风中的对焦。看清露珠了，随之也看清了苍蝇身体的毛刺和彩虹般的色彩。也精致，甚至可称美丽呢，上帝制造它们的时候并没有因人对它的厌恶而偷工减料、粗制滥造。

一时竟有些惋惜：为什么追腥逐臭呢？为

什么要与病菌、粪便为伍而弄得自己臭名昭著呢？如蝉一样餐风饮露不行，但如蜜蜂一样与春相随却是可以做到的，花中有蜜啊！

后来想，这是饮食习惯吧，与品德无关。苍蝇为杂食动物，肮脏的地方去，美味的餐桌它也想光顾，只是下场常常很惨。

澳大利亚人却不这么看。50澳元的纸币上就印有苍蝇的图案，与英雄和领袖同等待遇。人家认为，那种苍蝇本身并不脏，没有病毒，也没有细菌，在为植物传花授粉的功劳上超越了蜜蜂，并因其浑身金黄，飞行无声，已成为出口商品，为澳大利亚换回了不少外汇。

朱光潜先生在他的《谈静》一文中引用过日本诗人小林一茶的俳句："不要打哪，苍蝇搓它的手，搓它的脚呢。"记得一位老师讲这篇文章的时候，一个学生感觉如此表述于情不通，遂提问，老师不知如何回答，场面尴尬。

换成我，也会冷场。后来得知，小林一茶是日本江户时期的俳句诗人，一生坎坷，却没有泯灭他对天地万物强烈的爱。我还读到过他的另一首诗，内容竟然是写虱子的："捉到一个虱子/掐死他固然可怜/要弃在门外/任他绝食/也觉得不忍/忽然的想到我佛从前给与鬼子母的东西/虱子呵/放在和我的味道一样的石榴上爬着。”

他能写出如此悲悯的诗句，定是超脱了凡尘的是非善恶观，有了普度众生的情怀。有人评论他的诗：“一茶的诗，无论哪一句里，即使说着阳气的事情，底里也含着深沉的悲哀。这个潜伏的悲哀，很可玩味。如不能感到这个，便不能说真已赏识了一茶诗的真味。将一茶单看作滑稽飘逸的人，是不曾知道一茶的人。”

那只守护露珠的苍蝇，有着我所不知的信仰。我推想，在一茶的眼光看来，定然光彩夺目。

不要打哪，
苍蝇搓它的手，
搓它的脚呢。
——小林一茶

眼观八路

世界上约有四万种蜘蛛，我们常看到的有两种：一种在室外，灰不溜秋的，像一团泥，屋檐下、栅栏旁、树丛中到处都是；一种在室内，常常在屋角结网，细脚伶仃，捕食蚊子之类的小飞虫。还有一种不起眼的小蜘蛛，不到一粒黄豆大小，颜色暗淡，却是众多微距摄影爱好者喜欢拍摄的对象，原因是它们的眼睛。

它的名字叫跳蛛，不结网，以跳跃的方式捕食，故名。一般情况下，那么个小东西，你看不清也根本不会在意它的眼睛，但在微距下就不一样了。它竟然有八只眼，前面四只，左右各一只，还有两只用来观察上方的情况。"眼观六路"是形容一个人机智灵敏，而它却是眼观八路。尤其是中间的两只大眼睛，和身体不成比例，像汽车的两只大灯，炯炯有

别被我吓着，这才是我的真实大小，体长多数不超过15毫米，放大只是让你能更好地看清我。

神。微距摄影爱好者最喜欢拍的就是这两只“赵薇眼”。

蜘蛛是名副其实的杀手，不论大小。大的能捕鸟、鱼甚至蛇，小的也能捕食蚂蚱、苍蝇之类。大部分结网，之后守株待兔，小部分主动出击，跳蛛就是。跳蛛虽不结网，但尾部也会拉着一根蛛丝，对它蹦来跳去起保护作用，类似于杂技演员的保护绳。

八只眼睛呢，分管上下左右加前后吧，加上螯足、毒液和八条腿，可以说，装备相当精良了。

> About

蜘蛛是昆虫吗?

昆虫的共同特征包括：身体分头、胸、腹三部分；由许多环节组成；身体表面包着一层坚韧的外壳。昆虫的头部有一对触角、一对复眼、三个单眼，还有口器；胸分前胸、中胸、后胸三节，有三对足、两对翅；腹部有气门和外生殖器。

蜘蛛没有翅，也没有触须，身体通常分成组合头胸和腹部，两部分由细腰连接起来。蜘蛛有八条腿，还有两对附肢，第一对为螯肢，大部分有毒腺，第二对为须肢，辅助进餐或作感觉器官，用来杀死猎物。这些特征与昆虫并不一致，所以它不属于昆虫类。

星云浩渺

看到一个学生在QQ上给我的留言的时候，台风马上就要来了。云层低，云色暗，翻滚着，风摇动着树木，好像将要发生什么重大事情。

那个学生说中午放学前在宿舍楼边看到了一张奇特的蛛网，让我去拍。我很着急，我找不到学生说的蛛网的位置。再问，再找，到傍晚才找到，就在一株小桂花树下的草窠里。我几乎天天从它身边走过，刚才我吃完桃子，皮与核扔在脸盆里，然后到外面随手那么一泼，泼洒的位置紧挨着蛛网，我差点毁了一个奇观。

手机拍完，又拿相机拍。光线暗，周围杂乱无章。拿来三脚架，还有手电。拍清了，而且拍出了意想不到的景象：这张小蛛网是真正的网络，网的中心有一个e字，十分清晰。其螺旋状的造型，在黑暗的背景下，像极了星云图。而且，周围蛛网上的杂物在手电光的照射下，零零散散，成了星云周围孤单的行星。这太不可思议了：它曾经在一个晴朗的夜晚爬上树梢仰望天空，而且看到了无限遥远的太空的一片一片云朵一样的星系吗？或是它曾有过上帝一样的视角，如风云卫星一样俯瞰过台风的旋涡吗？

我想看清这只小蜘蛛的真面目，但它始终藏在自己织成的图案下，我用手触碰它，它爬出，我还没来得及拍，它又爬回到原来的位置。看来它认为那里最安

全，它相信自己织造的图案对自己的保护。

更神奇的是，它，它的网，都太小了。是这么渺小的虫子创造了这么匪夷所思的作品。多小，还是比较吧，我当时想到这个问题的时候，就又伸出了手指。看到了吧，蛛网比我的指肚还小，我的手指再往前伸就碰到蛛网了。对，这个图案也像我指肚斗形的指纹。

它为什么要织出这么神秘的图案？这里面似乎有着你我不知的神谕。

台风来了，雨也开始下了，明天，它还存在吗？

收起三脚架的时候，一条腿儿碰到了一片草叶，那片草叶连着蛛网，图案就走形了：我不小心破坏了它。

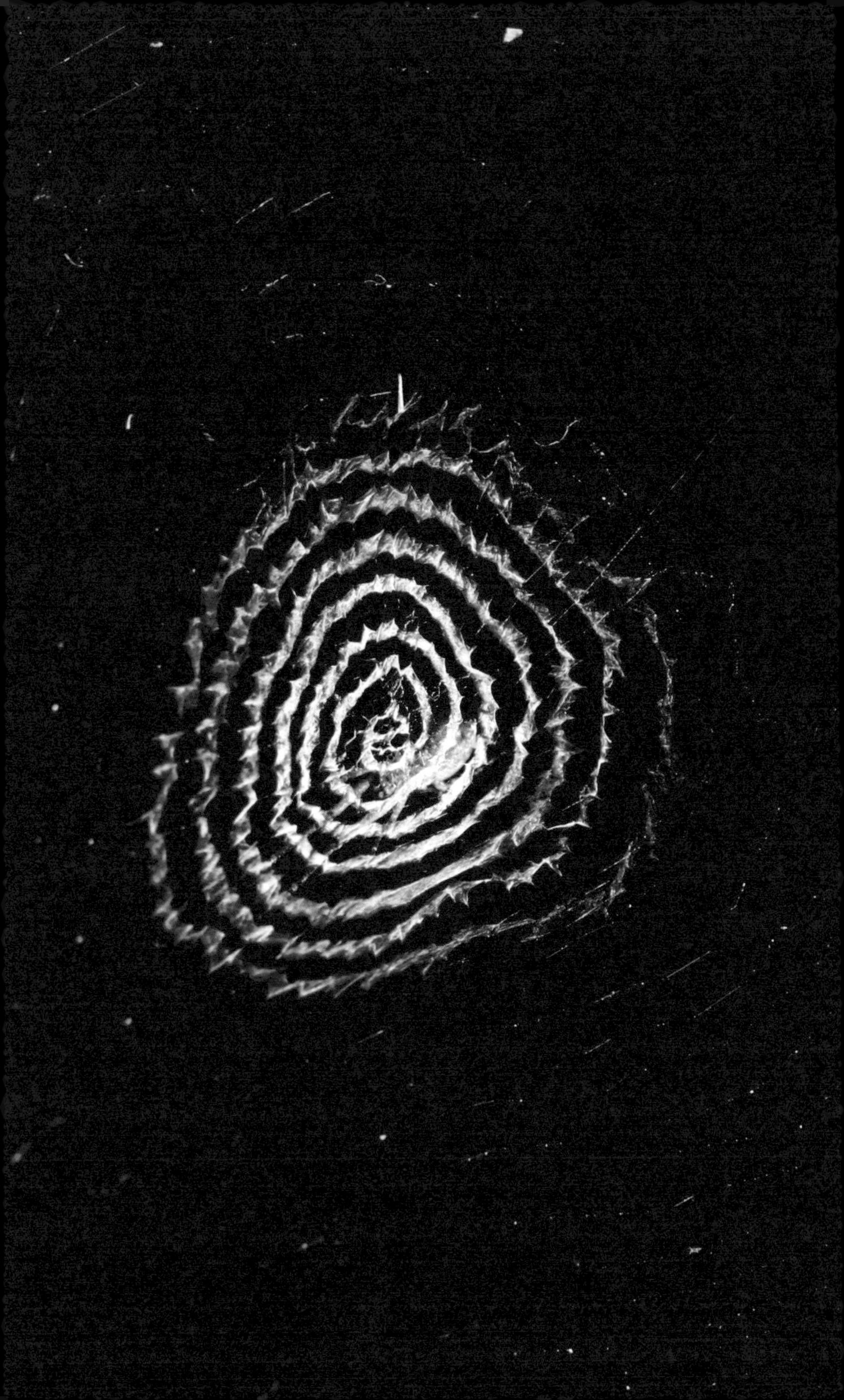

虽然今晚它必然面临毁灭，但台风损坏了它，不可抗拒，是天灾。我却出于疏忽，制造了一起人祸，非常惭愧。

晚上和第二天白天，都是风雨交加，我不用去看也能想象出草丛中小蛛网的惨象。第三天早晨，一切平静下来，我忍不住好奇，还是去慢慢接近那个位置，离着有十步之遥，我惊讶得差点喊出声来：小蜘蛛又恢复了蛛网台风前的样子，几乎丝毫不差。

我闲来无事，又在不远处的草丛中转悠。虽是盛夏，但那片草已开始干枯，像患了什么病。可是，在一个又一个小小的角落，我又看到了数不清的星云一样的小蛛网。有的疏疏朗朗，像是小蜘蛛的写意作品，它只是随手一挥；有的紧密清晰，我看出它的认真，像一丝不苟地遵循着万有引力的法则；有一字型的，那是我们地球人仰望银河的样子，一条银色的河流从我们头顶的苍穹蜿蜒而过；还有一字穿越圆形的，那是一个星系背后还有一个更浩瀚的星系；更多的是普通的八卦型，乾坎艮震间演绎着无穷的未知……

我不知道怎样挪动脚步，这是个神秘得让我心惊肉跳的地方。而且，它是在一片小枫树林的下面，我几乎天天从它旁边经过，有十几年之久。我在心中一遍遍自问：是不是从此，我该敬畏每一寸土地，哪怕是再熟悉不过的地方？

我用眼丈量了一下，宽度大概有 8 米，长度大概有 12 米，也就是说，这种小蜘蛛在不到 100 平方米的草丛中，几乎模拟了整个宇宙。

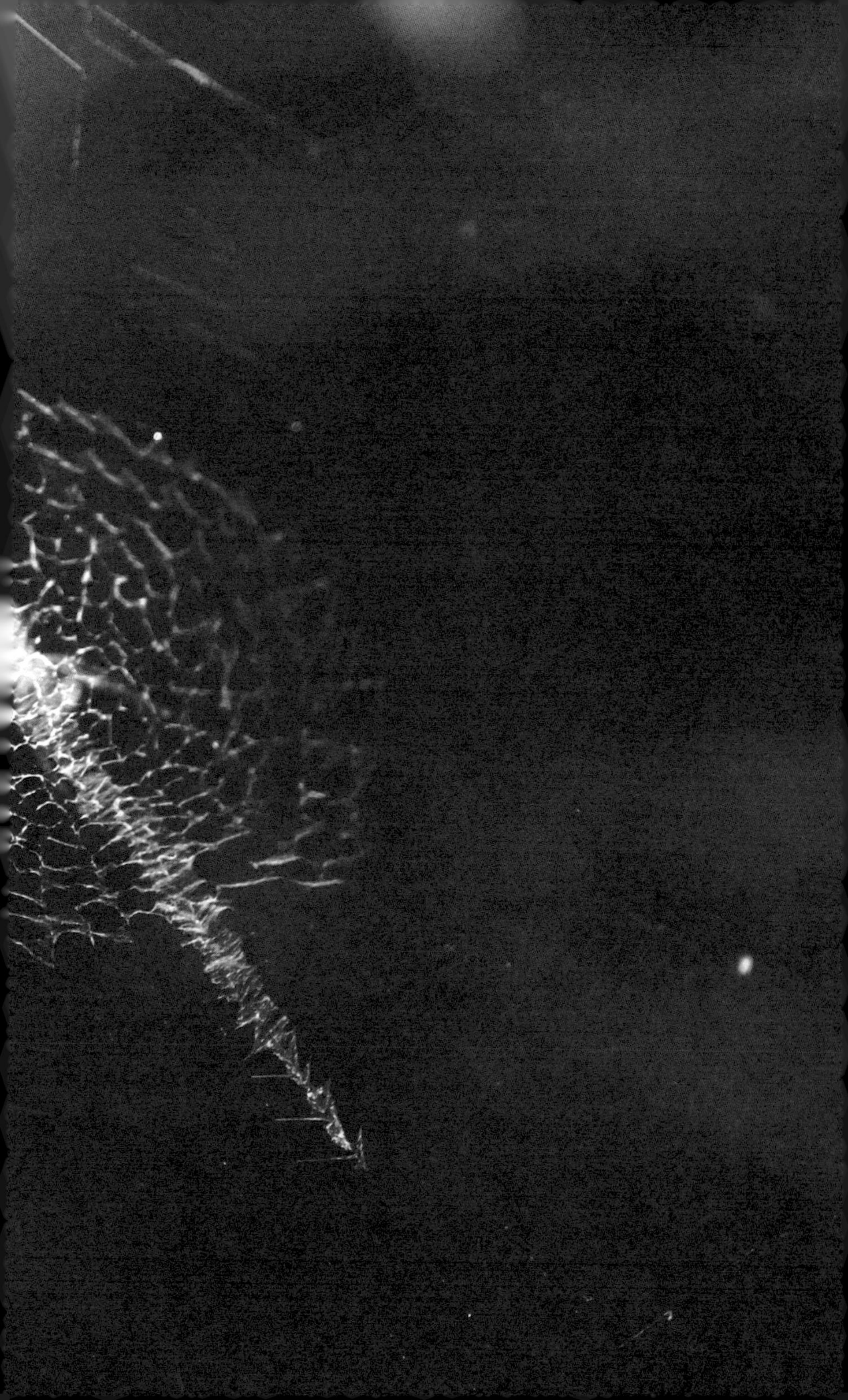

庸常的菜粉蝶

那一大片非洲菊黄得耀眼，老远我就看到了，便决定在那儿消磨时间。慢慢寻找的时候，看到不远处有一只蝴蝶在花丛上翩跹。蝴蝶总是用那种特殊的姿势飞舞，不像在空气中，倒像在波浪起伏的水面搏斗，也许是气流对它的扰动太大。我等它晃里晃荡地降落，稳定下来再悄悄接近。哪知在我缓慢移动的那几米的距离内，又惊起了四五只蝴蝶。静下来细看周围，发现了好多只菜粉蝶。

都是菜粉蝶，没有其他品种。它们太庸常了，颜色白不白黄不黄，也没什么花色。那么多其他品种的蝴蝶都去哪儿了？也许是菜粉蝶生命力强，因而数量众多；也许是其他蝴蝶颜色鲜亮，更易被天敌发现，因而数量很少，甚至消失。据说枯叶蝶因为逼真的模拟特技而被标本

爱好者追捧，现在也到了绝种的边缘。多少万年才进化出的枯叶形体，本为逃避捕食以便活命，但高超的演技还是逃不过人类的火眼金睛。不美丽没关系，人还有另外一条评价标准：物以稀为贵。

还是庸常些吧。犀牛因犀牛角珍贵的药用价值而被大量捕杀，大象因为象牙的特殊材质而被人盯上，松露的命运也差不多吧，谁让它在市场上价格那么高呢，人们等不及它长大了。

这就出现了一个两难的选择，你是选择出色呢，还是选择庸常？

这样看来，还是为菜粉蝶的庸常而庆幸吧，毕竟生存是第一位的。

高贵的紫光箩纹蛾

单位四楼的会议室，也是我们从办公室到教学区的通道。为了方便走路，晚上常有人把灯打开，有时却忘记关闭，第二天常常看到蛾子趴在墙壁、天花板或窗帘上。大部分是比较平淡的褐色花纹的小蛾子，像一小片一小片干枯的树叶。

一天却出现了一个超大的，最早发现的小陈老师惊叫着跑过来让大家去看。它在房梁和天花板的交界处，黑乎乎的，只是因为大得异乎寻常才让我们好奇。上了桌子又踩着凳子拍了两张，发现它花纹的繁复，便想让它下来，更近距离地拍几张。

再近看，花纹为黑色和棕褐色搭配，不像红黄绿那样鲜艳，但感觉很高贵，很奢华，像贵夫人穿的皮草。我把照片给一搞设计的朋友看，他也十分惊讶这只蛾子的花纹色调，他说不张扬，但感觉很高档、有品位，这是最高级的服装设计。

不知它们如何看待。我知道，这身衣服，在暗夜的草木中肯定很容易隐身。蛾子喜欢

夜间活动，有人用黑光灯到野外挂帐子诱捕，我还没发热到那个程度。但在暗夜隐身，换一身家常的服装也行啊，例如土黄色、浅褐色、卡其迷彩，纯绿色也行，都方便隐身。

那么，这身高价定制的服装，肯定还有另外的作用。我能想到的是，士为知己者死，女为悦己者容，它定是为爱人而打扮。在夜晚，近乎失明的是我们的人眼，蛾子们能把周围看得一清二楚，星光月色下，正适合它们欢欢喜喜地进餐或者谈情说爱。蛾子里也有不少“外貌协会”成员吧？这身装扮，太吸引异性眼球了，也太招同性嫉妒了吧。

它还长着两根漂亮的蛾眉，细看，真的精美到了让人窒息的程度。

这美丽的一切，其实与我们没什么关系，我们出现之前，它们就这样，我们消失了，它们还会延续美丽。

如何表现它的巨大呢？放一枚一元的硬币吧。再凑近些，拍它的蛾眉特写；再放到窗下，让光线更好一些……它看似笨重的身子，竟然慢悠悠地起飞了，出了箱子，出了旁边的窗子，飞过一棵香樟树，就再也看不见了。我们竟然没有反应。

走了？为什么不把窗子关上？不知道。没想这些。惊慌失措，来不及？不是。也许是不敢触碰，那些美丽的图案，只是不同的鳞片，反射给了我们不同的光，一碰，一手粉末，美丽也就消失了。

“脂肤荑手不坚固，世间尤物难留连。难留连，易销歇，塞北花，江南雪。”白居易写的是美少女，但把这几句诗送给这只华美的蛾子也许更合适。

它是错误地来到我们身边的，夜晚的灯光对它来说是一口明亮的陷阱。进来了，却再也没找到出口。以为窗子那儿是，结果不知多少次撞到玻璃上。趴在墙上等着吧，但也许这就是坟墓了。阳光明媚的白天，它肯定恨不得戴上墨镜。习惯了夜晚树林里的宁静，它肯定也不适应白天人类的喧嚣。不知道它还能不能回到自己的家。

以后还能相见吗？说一句酸酸的言情小说一样的话，也许这一别就是永远。

一无所获

早晨起来，风不大，阳台湿润，是拍微距的好机会。

我只有三个多小时的拍摄时间，便到离单位近一些的梁丰生态园西南角外面拍。那里我去过几次，昆虫还比较多，拍到过姬蜂的悬茧，瞭望的豆娘，劫道的蟹蛛，成双的鹿蛾，还拍到过一身钻石的蜘蛛以及浑身露水的白蛾……

但这次，除了看到一只小豆娘、一只鹿蛾，我什么都没发现，几个垂钓爱好者也不在那儿。要不是二三十米远的马路上人来车往，我真感到恐怖。好像这里发生过什么，人都离开了，昆虫也搬家了。我怀疑花工不久前喷过农药，却闻不到刺鼻的气味。

过马路，到南面，有小树林，有水沟，有杂草，应该是昆虫的乐园，但我只发现了几只蚂蚁，一只豆娘，几只葵花籽一样的小虫。水沟里正在施工，有挖掘机在挖淤泥，我怀疑是挖泥翻出了沼气之类的毒气，熏跑了昆虫。还好，有一只带露的豆娘，它没有飞走，很感谢这个小模特。

这几年我的体会越来越深，人越来越像蟑螂，能适应各种环境。什么地沟油、苏丹红、塑化剂之类的，似乎对人没什么影响，雾霾也不怕，他们依然生机勃勃，几乎到处熙熙攘攘、车水马龙。倒是那些小昆虫，有洁癖一样，环境脏了，它们就离开了或者死掉了，刚烈者也许自杀了。它们很脆弱——越美丽的昆虫越脆弱。想想吧，曾经在黑夜中如繁星闪烁的萤火虫哪里去了？蝴蝶一样美丽的丽翅蜻哪里去了？风筝一样的天蚕蛾哪里去了？春来秋往的雁阵呢？天空盘旋的老鹰呢……蟑螂到处都是，苍蝇漫天飞舞，麻雀在冰天雪地里依然叽叽喳喳……

裤子湿了有什么关系，鞋子粘上泥有什么关系，日晒雨淋有什么关系，拍到一张好照片，这些小麻烦就都烟消云散了。失落的是，你早早起来，带着设备，全副武装，却一无所获。

回来的路上，我在路边绿化带的灌木上摘了一片红叶，因为我想起了宿舍前的水泥污水井盖。为了方便掀开，上面有两个洞，黑黑的，像两只眼。这片叶子，我用来给它配上红唇。斜光一照，我都能看到唇纹，嘴有点歪，仿佛嘲讽我的无聊。

一个早上就这样过去了。冲个澡，换身衣服，还有更无聊的事情等待我去完成。

美丽的红唇，是我今天摄影的全部。

雨后的生态园会换一副模样。草木被洗过了，干净，还散发着好闻的气味，让人心生欢喜。我常常在那里虚度光阴。昆虫的身子和翅膀会潮湿，动作迟缓了不少，给了我足够的时间构图和对焦。还有那些来不及消失的露珠，也成了它们奢侈的点缀。想想一只昆虫站在一片布满“珍珠钻石”的草叶上的情形吧，就连一掷千金的土豪都比不上它的奢华。

在这样的环境中消磨几个小时，很惬意，即使拍不到什么。拍的次数多了，也越来越不急了，因为急也没用。你嗖嗖地转个十圈八圈，除去惊跑一些胆小的昆虫之外，没有什么收获。倒是蹲下来，和昆虫平视，也许能发现什么，有时候，昆虫还会不请自来呢。

一天黄昏，快离开小湖边的时候，我注意到一棵植物上有一片暗红色的小叶子，而其他几棵都没有。这在秋天很常见，靠下面的老叶子就这样，但现在是初夏。我已经有了一些观察经验，有太多的昆虫喜欢模拟植物，走近了瞧，果然如此。

拍完之后在相机中放大看，更觉得它奇特。翅膀的底部为乳白色，侧面紫红色，背部土黄色；触须往后，紧贴在背上；眼珠是绿色的，有黑色的瞳孔。确认拍清晰之后，我又换了一个角度，并且把它前后两边的叶子拉低，以便获得更纯净的画面。它还是一动不动。按常识判断，这应该是一只蛾子。一般的昆虫六条腿会在胸前自然伸出，随时抓住什么以固定身体，如蜻蜓、豆娘之类，但它不，我根本看不清它的腿。不是挡住了，而是它根本没有伸出。它就那么直直地“蹲”在那儿，大氅垂地，一本正经，庄严肃穆。也许是它的某种仪式，像祈祷的姿态，或类似于气功的入定。也许只是摆一个迷惑天敌的造型：我是一片枯叶，真的，我不会飞。腿不能伸出，那容易暴露身份。它的两条后腿应该是顺着腹部往下，藏在大氅的最

底下，而腿尖的钩刺已深深嵌入花茎中。

我猜不透，永远也猜不透，那是一个庞大而神秘的世界，如宇宙般无边无际。它们沉默不语，静默如谜。

所有的生命应该都是这样，它们有语言我们也听不懂。知者不言，言者无知。有哪一位生物学家能告诉我，草蛉的卵为什么有一根长长的细丝，气步甲虫为什么懂化学反应，悬茧姬蜂的茧为什么有美丽的花纹，瓢虫的斑点为什么分出了它们荤素口味的不同……如果都能回答，我还有最后一个问题：这些奇特的本领是靠哪一组密码遗传给了后代，并且生生不息？

想想地球上还有那么多的地方人类没有涉足；想想浩瀚的宇宙，我们用庞大先进的望远镜在太空中遥望，却连边缘都看不到……我们还有什么底气喋喋不休、聒噪不止？

和世间的万物一样吧，静默不语，留给世界一个美丽的谜。

民间高手

昆虫之中，就隐身的本领而言，确实有那么几位堪称大师的明星角色，提起来尽人皆知，交口称赞，在人类中粉丝众多。比如，大名鼎鼎的枯叶蝶，它若是双翅并拢一动不动呆在深秋的树上，任你离得再近，可能也看不出它不是一片枯叶。它完美的模拟了枯叶的一切，叶柄，叶脉，褐黄的颜色，甚至虫蛀的瘢痕。高超的工笔画家也未必能如此惟妙惟肖的画出这么逼真的写生作品。比如叶䗛，比枯叶蝶更厉害，它们把自己的六条腿都进化成了叶子的形状，就是摆在你面前，告诉你这是昆虫，你都会怀疑自己的眼睛。再比如声名赫赫的竹节虫，它若在你面前展开双翅飞起来，你会大吃一惊，以为一段枯树枝成精了……想想它们还能以DNA密码把这一切轻松遗传给后代，我就更佩服生命的神奇了。

可是，别忘了还有一句俗话：高手在民间。有些明星实至名归，而有些则名不副实，他们被推举到金光闪耀的位置，不排除有机遇甚至炒作的因素在里面。而民间高手，无一例外都身怀绝技，因实力超群才被人称道。例如，默默无闻的尺蠖。

那一棵小桑树年龄估计也就两三岁，才一人多高，就三个小枝杈，在一条土路边，混杂在一片有气无力的玉米中。我承认，我没看见树上那只尺蠖，拿放大镜我也看不见。我看见的，只是几片残缺不全的叶子，缺口还新鲜，猜想一定有虫子刚

刚吃过，我这才停下了脚步，目光开始慢慢聚焦。

没看见吃叶子的虫子。我轻轻将小树枝倾斜，看叶子背面，也没有虫子隐藏。莫非它吃饱之后为防止东窗事发而溜之大吉？不该，这是太阳初升的早晨，叶子被啮噬的边缘还带着植物的汁液。再找，再仔细一点。可是，就那么一根小树杈，才几片叶子，能藏到哪儿去？

这才怀疑起了那根“小树杈”。那么

短一截，上面没有叶子。对，尺蠖，就是它。

和普通的肉虫不同，尺蠖的六条真足在身体的前端，伪足在最后端，中间很长一段身子是光滑的一根肉棍，这样，它每爬行一步都要把身子弓起来，然后再舒展开，像一步步丈量脚下的路。它弓起的身子呈Ω型，像一座小拱桥，所以尺蠖也叫“造桥虫”。

此时的这只尺蠖，用身体最末端的四只伪足抓住桑树的树枝，它的颜色、粗细、纹理、斑点都和树枝极为接近，几乎是无缝衔接，融为一体了，就像本来就长在上面一样。放大看，我就更不相信自己的眼睛了：这，左边是树枝，右边是虫子吗？这，左边是植物，右边是动物吗？

顺着它身体往上细看，每一处细小的皱褶、斑点和微小的凹凸，都完美的模拟了桑树的原作，到第三对真足略微突起，像一支更小的枯枝，第一对和第二对真足收拢起来，像树杈折断后留下的微不足道的毛茬。

我轻轻的撕掉它周围的几片桑叶，它一动不动，还是保持原状。它肯定知道自己的

爬行速度，油门到底也不过是每小时几米而已，这在鸟儿看来简直就是超级慢动作回放，而自己爬行时夸张的“造桥”动作更会让自己暴露在光天化日之下。还是静止不动更安全。

在别的植物上也看到过尺蠖，几乎都能隐身在环境之中，它们大概都是单食性昆虫，或者，它们都知道自己的颜色适合隐身在什么植物中。我也看到过其他民间高手，例如枯草中的中华剑角蝗，榉树树干上灰黑的蛾子等，都和这只尺蠖差不多。

我若不走，它大概会一直这样，它累，我也累。就不打扰它了，我也要回家吃饭了。

这个早晨，心满意足，我偷窥到了民间武林高手的绝世武功。

斜拉索

人是能制造并使用工具的高级动物，这个定义遭到了越来越多的质疑。科学家们逐渐发现，大猩猩、猴子，甚至乌鸦也能制造并使用简单的工具，至于基因组的数量，比人类大的动植物有的是，人类有大约30亿个碱基对，小麦有大约160亿个,而非洲肺鱼大约有1320亿个碱基对。谁高级谁低级，就看谁来制订划分标准了。

蜘蛛织网捕猎，它也是能制造并使用工具的动物，丝线就是自己生产的，拉力是钢丝的两倍多，想想，这多么“高级”。至于织网，蜘蛛更是费尽了心思，其工程设计到技艺水准，一般人无法达到。

有的蜘蛛体型并不大，却能在两棵树之间织出一张大网。蜘蛛不能飞，那第一根线是怎么抻好的呢？有生物学家耐心的进行过观察，发现了蜘蛛结网的两种方法。一种是，把第一根丝线的一端粘到树上，然后拉着丝悬垂到地面，再爬到另一棵树上，选好位置，粘牢，第一根线就拉好了。说起来不难，就像我们在两棵树之间拉一根晾衣绳。但蜘蛛太小了，它又近视，到了地面如何辨别方向呢？地面上如果有杂草，几寸高，对它来说，就是高大茂密的森林，不但能让它迷路，还有可能挂住丝线。

就算一切顺利，到了第二棵树，那从树干爬起，到大树杈，再到小树杈，找到合适的位置，要保障自己身后的这根只有头发十分之一细的丝线还能和对面的树上那个原点连接，也太难了。第二种是，看好风向，喷出丝线，让风带过去，这有运气的成分，但蜘蛛有足够的耐心。第一根好了，顺着它爬过去就能拉好第二根。这一根松松垮垮，粘好后蜘蛛会爬回到中间位置，然后再悬垂而

下，拉出第三根，使之成Y字形，第一根把Y字封口。接下来再拉如自行车辐条一样的辐线，还有一圈一圈的螺线，对蜘蛛来说，就易如反掌了。

今天，在木栈道旁，我又看到织在拐角处的一张巨大蛛网，停下了脚步，几根丝线就粘在木栈道的栏杆上，方便我仔细欣赏。细看吃了一惊，原来这只蜘蛛为了让自己的网子结实，主线和木栈道连接的地方可不是一根丝线，拉一根，不放心，斜着再拉一根，足足14根，它加固了又加固，简直就是目前先进的造桥技术——斜拉索。每一根和木头的衔接，绝不是一黏了事，它黏了又黏，丝线成了白色的一团，一条和另一条，还彼此相连。

斜拉索桥，大的小的，比较常见，远远看去，像琴弦，支撑着那么庞大的桥梁，是力学和美学的完美联姻。这么大的工程，如此漂亮的构造，是人类千百年来智慧的凝聚与展现。

蜘蛛很小，也不知有没有语言。但可以肯定，它们不但能制造并使用工具，而且懂力学、材料学与美学，有非同寻常的智慧，要是让我分类，我把它们归为“高等动物”。

小雨过后

最喜欢小雨夜初潜入，天明离开，润物细无声，像一位喜做善事而又不愿留名姓的谦谦君子。

清晨推窗，一切都是才睡醒的样子，树木花草刚刚出浴，干净水灵，叶尖上还挂着闪亮的珍珠坠饰。空气也被滤净了杂质，草木的清新和淡淡的花香幽幽传来。湖面有一层薄薄的雾气，水黾勤快，已经在悄悄的练习划桨。蜻蜓和蝴蝶刚刚羽化，翅膀如四片鲜薄的嫩叶，它们静静的呆在隐蔽的地方，等着晨阳出来晾晒翅膀。有蜜蜂已经采了两团花粉，它粘在大腿上，飞行起来都有些缓慢了。

此时，人也不宜宅在家里，到野外去吧，也许那里在一夜之间发生了一个个小小的奇迹。

注意你的脚下，也许小蘑菇打开了油纸伞，那是小人国童话里的道具，微小而精致。灰色的绸布，褐色的丝绵，杏黄的缎子，都是高档的面料，大多不鲜亮，略显古旧，是时光打磨之后的成熟与高贵。也许树干上也有几把油纸伞，像老树上的装饰，头顶上的光柔和地照下来，那些小蘑菇便有了玉雕的质地。

枯木上也许有木耳，是树的耳朵。昨晚淅沥的小雨是柔美的轻音乐，唰唰是沙锤，嘀嘀是小号，嗒嗒是小鼓，真正的天籁之音，演奏了整整一夜，比班得瑞的乐曲都美，妙极了。人被内心的焦灼和白天的噪音磨钝了耳朵，对这些声音一点都不敏感了，大都昏然酣睡，或听而不闻。而树木醒着，侧耳倾听。它们依然耳聪目明，且懂得珍惜。

苍蝇也没闲着，它知道曲不离口拳不离手的古训，一大早就起来练功，把一滴露珠当成了太极球。露珠在草叶的边缘，摇摇欲坠，被苍蝇抓住，免去了摔碎的结局。苍蝇想用内力把露珠抓到草叶上面，这很有难度，露珠不是珍珠，柔软湿滑，总是在即将成功的时候又回到起点。苍蝇没放弃，我欣赏了一会儿，预感它将成为“太极高手”。

一只菜粉蝶非常幸运，它头上的一滴雨珠在降落时竟然没有摔碎，像一个小水晶球装饰着菜粉蝶。寻常的菜粉蝶一下子华贵起来，它似乎知道这个机会来之不易，安静的落在叶子上，享受着珠宝对自己的装扮。

刚结果子的罗汉松静悄悄的，叶子长而密集，露出了不少小罗汉头。此处像神秘的佛国，肃穆庄严，他们低眉颔首，双手合十。这么早，他们就在上早课了吗？看样子，大部分是。也有小罗汉，贪玩儿调皮。有一个，不念经了，跑到殿外草丛中去撒尿。

这哪像佛教圣地，有失僧人体统。想想也正常，都是小孩子啊。虽说出家为僧，但俗缘难了。

再说了，道在便溺处。小罗汉撒尿，不影

响他修行。反倒是我，想歪了。

自然从不枯燥乏味，一场微不足道的小雨也会改变世界的模样，像微风经过丝绸般的湖面吹出了几道漂亮的皱褶，像小草悄悄冒出头来染绿了整个山坡。

世界因此生动起来，让人不由得心生欢喜。

亲手的荣耀时刻

这几年采摘园行情火爆，很多人想亲手摘下果实，体验一下丰收的喜悦。老人想重温童年的记忆，家长想带孩子一起亲近自然。西红柿长在秧子上，头朝下，果蒂略向上翻，上面还有细密的绒毛，采摘它时断开来，植物新鲜青涩的气息弥漫，让人欣喜。果农都把果树的枝条压低，他们管理方便，顾客采摘也触手可及。一树红苹果，一树红灯笼，虽然不是自己所种，但只是看着，也心生欢喜。一嘟噜一嘟噜的葡萄挂在架子上，一粒一粒的挤着，粒粒带着白霜儿，光线漏下来，它们在光影中晃动，看一眼，便齿颊生津，想亲手采一颗来尝。我心目中的“丰收”和“收获”，便该是这般模样。

可是，说到“亲手”，想到昆虫，我想到的是另外一番意思。如果有谁肯“亲”我的

“手”，那真是莫大的荣耀。

昆虫有单眼也有复眼，我猜想，它们的大脑中呈现出的大概是外界的一副全息图像。它们其他的感觉系统也相当灵敏，除了触角之外，它们大部分浑身遍布毛刺，这些都能感知外部世界的风吹草动。人在它们眼里是绝对的庞然大物，又动作笨拙，一身的烟酒荤腥之气，离着很远的距离，它们就会警惕起来，甚至避而远之，你想和它们来个零距离接触，实在是太难了。

但凡事总有例外。如果你有机会靠近一只美丽的昆虫，请珍惜，也许，它心情好，赏你个脸，让你梦想成真。前提是，你要尊重它，不粗鲁莽撞，慢慢靠近，态度友善。

那天，我又见到了一只久违的黑丽翅蜻，它停落的香蒲的茎秆挡住了它的身子和头部，而它的后面是宽广的湖水。我轻轻的晃动了一下草杆，希望它转过身子做我的模特。没有，它飞到了一丛灌木的叶子上，杂乱无章的背景，并非我想看到的结果。但我可以靠近它了，不到一米的距离，任我拍照，它没有一点儿飞走的意思。我就得寸进尺

了，轻轻伸出两根手指，托住了它的翅膀，它顺势爬了两步，到了我的手上。它细小而尖锐的爪子抓着我的皮肤，头部也接触到了我的手指，真的是——亲手。成功！耶！

再比如，一只昆虫刚刚完成羽化，翅膀柔嫩，身体娇弱，你亲近它，它可能也会亲近你，它把你当成了一件支撑物，你更容易得手。早晨，一菜粉蝶在草叶下面往上爬，想是要到高一点儿的地方晾晒翅膀。我慢慢的伸出手指，挡住了它的去路，它没有退缩也没有停留，而是毫不犹豫，爬到了我的手上。又一次被——亲手。我轻轻抬起手，举高一点儿，寻找晨光能照到的地方，我帮它晒晒翅膀。时间不长，它轻扇羽翼，翩然离去，没和我打招呼。我只能恋恋的目送，知道缘分到此，不必追。

还有一种情况，就是深秋或初冬，天凉了，也好接近昆虫。气温低了，它们不愿动甚至不能动了，你的手指靠近，它们也许能感觉到你的体温，有时，会主动爬上来，是取暖吧。蚂蚱，豆娘，蜻蜓，瓢虫，蛾子，好多种昆虫，都曾因这个原因给我——亲手。

忘不了这些微不足道的小欢喜，甚至刻骨铭心，它们，让我人间庸常的生活有了美好而精致的细节。有时虽不足为外人道，但我想，这应该是生活最初的模样，因纯净朴素而珍贵无比。

星云浩渺

有把钳子好打架

拼命

上帝的礼物

刀客

高贵的紫光箩纹蛾

放牧

上帝也会女红

吸管儿

斜拉索

雨后

灶马

虫子好像合欢花

针线活儿

小陶罐里也有春天

隐身术

庸常的菜粉蝶

有种美丽我不懂

小雨过后

夏洛的网

残疾的它们

我和虫子零距离

眼观八路

耍酷

谁的巧手包『粽子』

万物静默如谜

狭路相逢

拦路抢劫

两双白球鞋

拼命

上帝的礼物

亲手的荣耀时刻

画张脸谱吓唬你

环境检测员

姬蜂悬茧

口红

民间高手

刺客

低调的奢华

蛾眉

好奇

不啃老的小豆娘

虫子的江湖

触须

穿长裙的草蛉

虫在江湖，

有它们的法则。

那是另外一个迷人的世界，

不仅广大神秘，

而且处处超乎你的想象。

希望我们不是让故事终止的人